$\lim_{x \to a} f(x)$ $\int f(x)dx$

$\log x$

$f(x)$ $\sin\theta$

$\sqrt{a}$ $\cos^2 \frac{\alpha}{2}$

よくわかる
電気数学

照井博志著

TDU 東京電機大学出版局

本書の全部または一部を無断で複写複製（コピー）することは，著作権法上での例外を除き，禁じられています。小局は，著者から複写に係る権利の管理につき委託を受けていますので，本書からの複写を希望される場合は，必ず小局（03-5280-3422）宛ご連絡ください。

はじめに

　電気・電子の学習する分野は，回路理論・電磁気学・電力工学・電気機器・電子回路を基本とし，さらに情報通信の分野にまで多岐に渡っている。

　今日の産業界の発展は目覚しく，これらを支えるエンジニアの育成も急務となってきているが，実際に教壇に立って電気に関する授業を行っていると，問題を解く段階で，「計算式を解くことが苦手」という学生が多くいることに直面した。

　電気・電子・情報通信の学習や電気主任技術者・電気工事士の資格を取得するためには，問題を解くための「数学の扱い方」をマスターすることが必要不可欠である。

　そこで本書は，これらの学習に必要となる基本的な数学の扱い方や，解法のポイントを無理なく習得することを目的として解説をした。執筆にあたっては，次の事項に重点を置いている。

- 数学の理論，定理・法則，数学の扱い方についてポイントを絞って解説する。
- 例題・問題を多くとり入れ，解きながら知識の定着が図れるようにする。
- 例題・問題はできるだけ電気・電子の学習に関係の深い問題を出題する。

本書は電気や電子を学習する上で必要となる数学の扱い方に主眼を置いているので，さらに専門的な数学の知識の習得に関しては，それぞれの専門書を参照していただきたい。

　本書を学習し，電気主任技術者・電気工事士はもとより，将来の電気技術を背負うエンジニアが一人でも多く生まれてくることを願いたい。

2008 年 9 月

照井博志

目次

第1章 整式の計算と回路計算 … 1

- 1.1 整式の計算 … 1
- 1.2 整式の展開と因数分解 … 5
- 1.3 分数の計算 … 8
- 1.4 指数と対数 … 13
- 1.5 平方根の計算 … 18
- 章末問題① … 24

第2章 方程式・行列と回路計算 … 25

- 2.1 一次方程式の解き方 … 25
- 2.2 連立方程式の解き方(1) … 31
- 2.3 二次方程式の解き方 … 37
- 2.4 連立方程式の解き方(2) … 40
- 章末問題② … 46

第3章 三角関数と交流回路 … 48

- 3.1 三角関数 … 48
- 3.2 角周波数と位相 … 53
- 3.3 三角関数の性質 … 55
- 3.4 三角関数の諸定理 … 58
- 3.5 三角関数の諸公式 … 63
- 3.6 逆三角関数 … 68
- 章末問題③ … 70

第4章 複素数と記号法 ……………………………… 72

- 4.1 複素数 …… 72
- 4.2 複素数の四則計算 …… 74
- 4.3 複素平面とベクトル …… 77
- 4.4 複素数の表示方法 …… 80
- 章末問題④ …… 85

第5章 微分・積分と電磁気学 ……………………… 87

- 5.1 極限値 …… 87
- 5.2 微分係数と導関数 …… 90
- 5.3 微分の基礎 …… 93
- 5.4 微分の応用 …… 96
- 5.5 積分の基礎 …… 104
- 5.6 積分の応用 …… 108
- 章末問題⑤ …… 114

問と章末問題の解答 ……………………………………… 116

索引 ……………………………………………………………… 142

第1章

整式の計算と回路計算

本章では，回路計算の全般における整式の扱い方・接頭語の扱い方（指数の扱い方）を主に学習する。本書は今後の学習を進める上で大変重要な部分でもあるので，しっかりと整式の扱い方を習得してほしい。

1.1 整式の計算

(1) 整式

ab, $4x^3$, $-xyz$ のように，いくつかの数字と文字の積で表されている式を**単項式**という。$4x^3-xyz$, $ab-7$ のように，いくつかの単項式の和で表されている式を**多項式**といい，単項式と多項式をあわせて**整式**という。

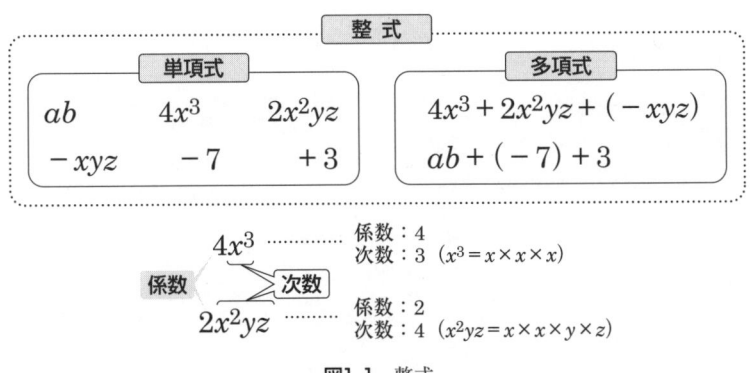

図1·1 整式

単項式において，掛け合わされている文字の数のことを**次数**といい，文字以外の部分を**係数**という。また，文字を含まない項を**定数項**という。

1つの整式において，1番高い次数をその整式の次数とする。例えば，$2a^3 - 5a^2 + 6$ の整式の次数は3ということになる。

例題 1.1　次の単項式の次数と係数を求めなさい。

(1) $8x^2y$　　(2) $2.5a^3b^2c$

解答

(1) $8x^2y = 8 \times x \times x \times y$ なので次数：3，係数：8
(2) $2.5a^3b^2c = 2.5 \times a \times a \times a \times b \times b \times c$ なので次数：6，係数：2.5

(2) 整式の整理

1つの整式において，文字に着目したとき同じ文字を持つものを**同類項**といい，1つに整理することができる。整式の整理は次の手順で行う。

手順①　同類項をまとめる。
手順②　次数の大きな項から並べていく（これを**降べきの順**という）。

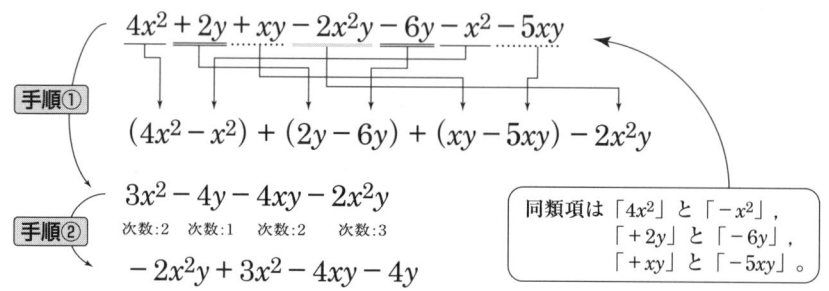

図1・2　整式の整理

例題 1.2 次の整式を整理しなさい。

(1) $2a^3+2b-8+3b$　　(2) $2x^2+bx+4c-x^2+c$

(3) $a^2-4ac+b^2-3ab+4ac$

解答

(1) 同類項は「$+2b$」と「$+3b$」であるのでまとめると，

$$2a^3+2b+3b-8=2a^3+5b-8$$

(2) 同類項は「$+2x^2$」と「$-x^2$」，「$+4c$」と「$+c$」であるのでまとめると，

$$2x^2-x^2+bx+4c+c=x^2+bx+5c$$

(3) 同類項は「$-4ac$」と「$+4ac$」であるのでまとめると，

$$a^2-4ac+4ac+b^2-3ab=a^2+b^2-3ab$$

(3) 整式の加法と減法

複数の整式を加算・減算することは(2)項の「整式の整理」で述べた手順に基づいて行えばよい。基本的には同類項をまとめ，次数の大きな項から並べていく。

例題 1.3 $A=x^2+4xy-2$，$B=3x^2-2xy$ としたとき，次の計算をしなさい。

(1) $A+B$　　(2) $B-A$　　(3) $A-B$

解答

それぞれの整式を代入し，同類項をまとめればよい．

(1) $A+B=(x^2+4xy-2)+(3x^2-2xy)=x^2+3x^2+4xy-2xy-2$
$=4x^2+2xy-2$

(2) $B-A=(3x^2-2xy)-(x^2+4xy-2)=3x^2-x^2-2xy-4xy+2$
$=2x^2-6xy+2$

(3) $A-B=(x^2+4xy-2)-(3x^2-2xy)=x^2-3x^2+4xy+2xy-2$
$=-2x^2+6xy-2$

(4) 四則演算の順序

 整式を計算するときは，様々な演算が混在していることが多く，計算の順序をしっかりと把握しておかなければ間違った計算結果となってしまう。四則演算が混在している整式を計算するときの足し算（加算），引き算（減算），掛け算（乗算），割り算（除算）の順序は次の通りに決められている。

《1-1》四則演算の計算順序

- 加算・減算，または乗算・除算だけの式は左から順番に計算をする。
- 加算・減算と乗算・除算の混在した式は乗算・除算を先に計算する。
- カッコのついている式は，先にカッコの中を計算する。

例題 1.4 抵抗 R_1〔Ω〕を3個，抵抗 R_2〔Ω〕を2個，すべてを直列に接続したときの合成抵抗 (R_S) を計算しなさい。

〈抵抗の直列接続の合成抵抗〉

 直列接続された抵抗 (R_1, R_2, …, R_n) の合成抵抗 (R_S) は，それぞれの抵抗値の総和に等しくなる。

$$R_S = R_1 + R_2 + \cdots + R_n \,〔Ω〕$$

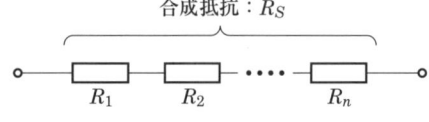

図1・3 抵抗の直列接続

解答

 公式を利用すると，合成抵抗 R_S〔Ω〕は次のような式となる。

$$R_S = R_1 + R_1 + R_1 + R_2 + R_2 \,〔Ω〕$$

同類項をまとめると，

$$R_S = 3R_1 + 2R_2 \,〔Ω〕$$

問 1-1 $A = 3x+4$, $B = x^2+3x-8$, $C = 2x^2+6x$ という3つの整式がある。次の計算をしなさい。

(1) $A+B$ (2) $B+C$ (3) $C-A$ (4) $B-A$

問 1-2 抵抗 $R_1〔Ω〕$ が3個，抵抗 $R_2〔Ω〕$ が1個，抵抗 $R_3〔Ω〕$ が2個ある。
(1) この抵抗すべてを直列に接続したときの合成抵抗 R_S を整式を使って計算しなさい。
(2) $R_1 = 3Ω$，$R_2 = 5Ω$，$R_3 = 2Ω$ のときの合成抵抗 R_S の値を求めなさい。

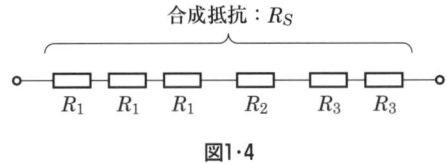

図1・4

1.2 整式の展開と因数分解

(1) 整式の性質

A, B, C の3つの整式がある。このとき，次の3つの法則が成り立つ。

《1-2》整式の性質
- 交換法則　　$A+B = B+A$, $AB = BA$
- 結合法則　　$A+(B+C) = (A+B)+C$, $A(BC) = (AB)C$
- 分配法則　　$A(B+C) = AB+AC$

(2) 展開公式

整式の積を求めるには，簡単なものには分配法則を使うことでできるが，より複雑な整式の積を求めていくには，次の**展開公式**を用いるのが一般的である。展開とは多項式の積を単項式の和の形にすることである。以下に基本的な展開公式をまとめておく。

《1-3》展開公式

$(a+b)(c+d) = ac+ad+bc+bd$

$(ax+b)(cx+d) = acx^2 + (ad+bc)x + bd$

$(a \pm b)^2 = a^2 \pm 2ab + b^2$ 　（複号同順）

$(a+b)(a-b) = a^2 - b^2$

$(x+a)(x+b) = x^2 + (a+b)x + ab$

$(a \pm b)^3 = a^3 \pm 3a^2 b + 3ab^2 \pm b^3$ 　（複号同順）

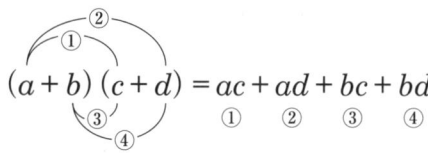

(a) 計算の順序

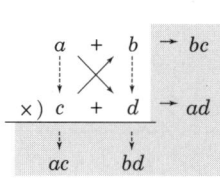

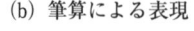

(b) 筆算による表現

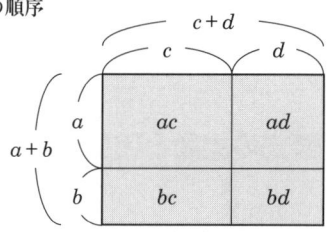

(c) 面積として考えた場合

図1・5　展開公式

例題 1.5　次の整式を展開しなさい。

(1) $2x(a+b)$ 　　(2) $(x+4)(x-4)$ 　　(3) $(x+3)^2$

解答

分配法則・展開公式を用いてそれぞれの式を展開する。

(1) $2x(a+b) = 2ax + 2bx$

(2) $(x+4)(x-4) = x^2 - 4^2 = x^2 - 16$

(3) $(x+3)^2 = x^2 + 2 \times 3 \times x + 3^2 = x^2 + 6x + 9$

例題 1.6　整式 $A=x+2y$, $B=-2x+y$, $C=3x+y$ について，次の法則が成り立つことを確かめなさい。
(1) 交換法則 $A+B=B+A$
(2) 結合法則 $A+(B+C)=(A+B)+C$

解答

それぞれの法則式に代入をして，結果を確かめる。
(1) 交換法則
$$A+B=x+2y+(-2x)+y=-x+3y$$
$$B+A=(-2x)+y+x+2y=-x+3y$$
$$\therefore\ -x+3y=A+B=B+A$$

よって交換法則は成り立っている。

(2) 結合法則
$$A+(B+C)=x+2y+(-2x+y+3x+y)=x+2y+x+2y=2x+4y$$

$$(A+B)+C=\{x+2y+(-2x)+y\}+3x+y=-x+3y+3x+y=2x+4y$$
$$\therefore\ 2x+4y=A+(B+C)=(A+B)+C$$

よって結合法則は成り立っている。

(3) 因数分解

因数分解とは展開の逆の操作をすることで，単項式の和の形を多項式の積の形に戻す操作のことをいう。以下に基本的な因数分解の公式をまとめておく。

《1-4》因数分解公式

$ax+bx=(a+b)x$

$a^2\pm 2ab+b^2=(a\pm b)^2$　　（複合同順）

$a^2-b^2=(a+b)(a-b)$

$x^2+(a+b)x+ab=(x+a)(x+b)$

$a^3\pm 3a^2b+3ab^2\pm b^3=(a\pm b)^3$　　（複合同順）

例題 1.7　次の式を因数分解しなさい。

(1) $4y-8x$　　(2) x^2+4x+4　　(3) $3x+6y$　　(4) x^2-36

解答

因数分解公式より，

(1) $4y-8x=4(-2x+y)$

(2) $x^2+4x+4=x^2+2\times 2\times x+2^2=(x+2)^2$

(3) $3x+6y=3\times x+3\times 2y=3(x+2y)$

(4) $x^2-36=x^2-6^2=(x+6)(x-6)$

問 1-3　次の式を展開しなさい。

(1) $(2x+3y)(3x-y)$　　(2) $(x+1)^3$　　(3) $(6x+1)^2$

問 1-4　次の式を因数分解しなさい。

(1) x^2-16　　(2) x^2-x-2　　(3) x^2-6x+9

1.3　分数の計算

(1) 倍数と約数

ある整数 a を整数 b で乗算したものを a の**倍数**という。

例 $\begin{cases} 3\text{の倍数}=3,\ 6,\ 9,\ 12,\ 15,\ \cdots \\ 5\text{の倍数}=5,\ 10,\ 15,\ 20,\ 25,\ \cdots \end{cases}$

ある整数 a を整数 b で除算したとき，あまりの出ないものを a の**約数**という。

例 $\begin{cases} 6\text{の約数}=1,\ 2,\ 3,\ 6 \\ 18\text{の約数}=1,\ 2,\ 3,\ 6,\ 9,\ 18 \end{cases}$

2つ以上の整数の共通する倍数のうち，最小のものを**最小公倍数**といい，共通する約数のうち，最大のものを**最大公約数**という。

例題 1.8　次の値を求めなさい。

(1) 4 の倍数（数値の小さいものから 7 つ）

(2) 6 の倍数（数値の小さいものから 7 つ）

(3) 8 の約数

(4) 12 の約数

(5) 4 と 6 の最小公倍数

(6) 8 と 12 の最大公約数

解答

(1) 4 の倍数 = 4, 8, 12, 16, 20, 24, 28

(2) 6 の倍数 = 6, 12, 18, 24, 30, 36, 42

(3) 8 の約数 = 1, 2, 4, 8

(4) 12 の約数 = 1, 2, 3, 4, 6, 12

(5) (1) と (2) の解答より，4 と 6 に共通する倍数は，12, 24, … である。このうち，もっとも数値の小さい 12 が最小公倍数である。

(6) (3) と (4) の解答より，8 と 12 に共通する約数は，1, 2, 4 の 3 つである。このうち，もっとも数値の大きい 4 が最大公約数である。

問 1-5　次の値を求めなさい。

(1) 3 と 4 の最小公倍数

(2) 4 と 6 の最小公倍数

(3) 6 と 9 の最大公約数

(4) 30 と 45 の最大公約数

(2) 分数

分子 a，分母 b において表される $\dfrac{a}{b}$ という**分数**には，次のような性質がある。

《1-5》分数の性質

- 分母と分子に同じ数 c を掛けても,割っても分数の値は変わらない。

$$\frac{a}{b} = \frac{a \times c}{b \times c}$$

$$\frac{a}{b} = \frac{a \div c}{b \div c}$$

- $\frac{a}{b}$ の値を計算するときは分子÷分母で計算する。

$$\frac{a}{b} = a \div b$$

(3) 分数の加法と減法

分数どうしの加法,減法については,**通分**(分母の最小公倍数で揃える)を行ってから計算を行う。計算結果において,分子,分母に共通の約数がある場合は**約分**を行う。

例 1 $\frac{1}{5}$ と $\frac{1}{2}$ を通分する。 $\frac{1}{5} = \frac{1 \times 2}{5 \times 2} = \frac{2}{10}$ $\frac{1}{2} = \frac{1 \times 5}{2 \times 5} = \frac{5}{10}$

例 2 $\frac{2}{10}$ を約分する。分子,分母の共通の約数は 2 なので,分子,分母を 2 で割ると, $\frac{2}{10} = \frac{1}{5}$

例 3 $\frac{1}{5} + \frac{1}{2}$ を計算する。 $\frac{1}{5} + \frac{1}{2} = \frac{1 \times 2}{5 \times 2} + \frac{1 \times 5}{2 \times 5} = \frac{2}{10} + \frac{5}{10} = \frac{7}{10}$

例題 1.9   次の分数の値を計算しなさい。

(1) $\frac{4}{5}$ (2) $\frac{6}{12}$ (3) $\frac{5}{100}$ (4) $\frac{3}{15}$

解答

分数の値の計算は分子÷分母で行うので,

(1) $\frac{4}{5} = 4 \div 5 = 0.8$ (2) $\frac{6}{12} = 6 \div 12 = 0.5$

(3) $\frac{5}{100} = 5 \div 100 = 0.05$ (4) $\frac{3}{15} = 3 \div 15 = 0.2$

例題 1.10 次の計算をしなさい。

(1) $\dfrac{4}{5}+\dfrac{7}{8}$ (2) $\dfrac{2}{3}-\dfrac{5}{12}$ (3) $\dfrac{2}{7}+\dfrac{1}{3}-\dfrac{5}{21}$

解答 ....

それぞれの分数を通分してから計算する。

(1) $\dfrac{4}{5}+\dfrac{7}{8}=\dfrac{4\times 8}{5\times 8}+\dfrac{7\times 5}{8\times 5}=\dfrac{32}{40}+\dfrac{35}{40}=\dfrac{67}{40}\ \left(=1\dfrac{27}{40}\right)$

(2) $\dfrac{2}{3}-\dfrac{5}{12}=\dfrac{2\times 4}{3\times 4}-\dfrac{5}{12}=\dfrac{8}{12}-\dfrac{5}{12}=\dfrac{3}{12}=\dfrac{1}{4}$

(3) $\dfrac{2}{7}+\dfrac{1}{3}-\dfrac{5}{21}=\dfrac{2\times 3}{7\times 3}+\dfrac{1\times 7}{3\times 7}-\dfrac{5}{21}=\dfrac{6}{21}+\dfrac{7}{21}-\dfrac{5}{21}=\dfrac{8}{21}$

問 1-6 次の計算をしなさい。

(1) $\dfrac{4}{9}-\dfrac{2}{7}$ (2) $\dfrac{5}{14}+\left(\dfrac{6}{7}-\dfrac{1}{8}\right)$ (3) $\dfrac{1}{60}-\dfrac{1}{6}+\dfrac{1}{12}-\dfrac{3}{5}$

(4) 分数の乗法と除法

$\dfrac{a}{b},\ \dfrac{c}{d}$ という，二つの分数の乗法と除法は次のように計算をする。

《1-6》分数の乗除

$\dfrac{a}{b}\times\dfrac{c}{d}=\dfrac{ac}{bd}$

$\dfrac{a}{b}\div\dfrac{c}{d}=\dfrac{ad}{bc}$

例 1　$\dfrac{4}{9}\times\dfrac{3}{5}$ の計算する。

$\dfrac{4}{9}\times\dfrac{3}{5}=\dfrac{4\times 3}{9\times 5}=\dfrac{12}{45}=\dfrac{4}{15}$

例 2　$\dfrac{4}{9}\div\dfrac{3}{5}$ の計算する。

$\dfrac{4}{9}\div\dfrac{3}{5}=\dfrac{4\times 5}{9\times 3}=\dfrac{20}{27}$

例題 1.11　次の計算をしなさい。

(1) $\dfrac{4}{10} \times \dfrac{8}{9}$　　(2) $\dfrac{5}{21} \div \dfrac{4}{7}$　　(3) $\dfrac{2}{5} \times \dfrac{12}{20} \div \dfrac{7}{10}$

解答

(1) $\dfrac{4}{10} \times \dfrac{8}{9} = \dfrac{4 \times 8}{10 \times 9} = \dfrac{32}{90} = \dfrac{16}{45}$　　(2) $\dfrac{5}{21} \div \dfrac{4}{7} = \dfrac{5 \times 7}{21 \times 4} = \dfrac{35}{84} = \dfrac{5}{12}$

(3) $\dfrac{2}{5} \times \dfrac{12}{20} \div \dfrac{7}{10} = \dfrac{2 \times 12 \times 10}{5 \times 20 \times 7} = \dfrac{240}{700} = \dfrac{12}{35}$

問 1-7　次の計算をしなさい。

(1) $\dfrac{3}{16} \times \dfrac{12}{25}$　　(2) $\dfrac{3}{11} \div \dfrac{9}{16}$　　(3) $\dfrac{3}{4} \times \dfrac{6}{19} \div \dfrac{5}{14}$

例題 1.12　抵抗 R_1〔Ω〕と，抵抗 R_2〔Ω〕を並列に接続したときの合成抵抗を計算しなさい。

〈抵抗の並列接続の合成抵抗〉

並列接続された抵抗（$R_1, R_2, \cdots, R_n$）の合成抵抗（R_P）は，それぞれの抵抗値の逆数（分子と分母をいれかえた数）の和の逆数に等しくなる。

$$\dfrac{1}{R_P} = \dfrac{1}{R_1} + \dfrac{1}{R_2} + \cdots + \dfrac{1}{R_n} \text{〔Ω〕}$$

$$\therefore \quad R_P = \dfrac{1}{\dfrac{1}{R_1} + \dfrac{1}{R_2} + \cdots + \dfrac{1}{R_n}} \text{〔Ω〕}$$

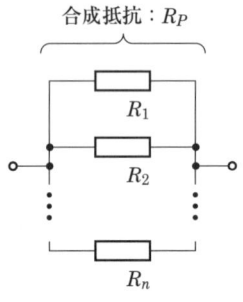

図1・6　抵抗の並列接続

解答

公式を利用すると，合成抵抗 R_P〔Ω〕は次のような式となる。

$$\dfrac{1}{R_P} = \dfrac{1}{R_1} + \dfrac{1}{R_2} = \dfrac{1 \times R_2}{R_1 \times R_2} + \dfrac{1 \times R_1}{R_1 \times R_2} = \dfrac{R_1 + R_2}{R_1 \times R_2} \text{〔Ω〕}$$

$$\therefore \quad R_P = \dfrac{R_1 \times R_2}{R_1 + R_2} \text{〔Ω〕}$$

問 1-8 抵抗 $R_1=3$〔Ω〕，抵抗 $R_2=5$〔Ω〕を並列に接続したときの合成抵抗 R_P を計算しなさい。

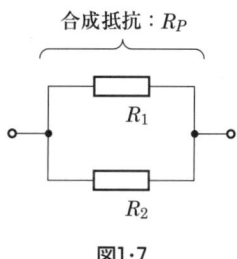

図1・7

1.4 指数と対数

(1) 指数

ある数を何回掛け算してあるかを表すとき，そのある数の右肩に示す数値のことを**指数**という。電気工学では，この指数を扱うことが多く，しっかりと計算方法と性質を覚えておく必要がある。

　例1　$a \times a \times a$ を指数を使って表すと，a^3（a の3乗とよむ）となる。

　例2　b^5（b の5乗）を指数を用いないで表すと，$b \times b \times b \times b \times b$ となる。

(2) 指数の性質

指数の計算には次のような法則がある。

《1-7》指数法則

$$a^0 = 1$$

$$a^1 = a$$

$$a^{-n} = \frac{1}{a^n}$$

$$a^{\frac{1}{2}} = \sqrt{a}$$

$$a^{\frac{1}{n}} = \sqrt[n]{a}$$

$$a^n \times b^m = ab^{n+m}$$

$$(ab)^n = a^n b^n$$

$$(a^n)^m = a^{n \times m}$$

$$\frac{a^n}{a^m} = \left(\frac{a}{a}\right)^{n-m}$$

1.4 指数と対数

例題 1.13 次の値を計算しなさい。

(1) 4^3　　(2) 3^0　　(3) $(x^2)^3$　　(4) $y^4 \times y^6$

解答 ⋯⋯⋯⋯⋯⋯⋯⋯⋯⋯⋯⋯⋯⋯⋯⋯⋯⋯⋯⋯⋯⋯⋯⋯⋯⋯⋯

指数の法則を用いると，

(1) $4^3 = 4 \times 4 \times 4 = 64$　　(2) $3^0 = 1$

(3) $(x^2)^3 = x^{2 \times 3} = x^6$　　(4) $y^4 \times y^6 = y^{4+6} = y^{10}$

問 1-9 次の値を計算しなさい。

(1) 123^0　　(2) 2^{-1}　　(3) $\dfrac{x^4}{x^6}$　　(4) 3^5

例題 1.14 40MΩ の抵抗に 3 mA の電流を流した。このとき，抵抗の両端に現れる端子電圧はいくらか。

〈オームの法則と接頭語の使い方〉

電気回路においてはオームの法則を用いて様々な回路を解析していくことになる。オームの法則とは，回路に流れる**電圧** V は**電流** I に比例する。このときの比例定数 R を**抵抗**（または，**電気抵抗**）という。

$$V = RI \text{〔V〕}$$

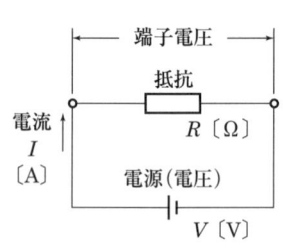

図1・8　電気回路

解答 ⋯⋯⋯⋯⋯⋯⋯⋯⋯⋯⋯⋯⋯⋯⋯⋯⋯⋯⋯⋯⋯⋯⋯⋯⋯⋯⋯

公式を利用すると端子電圧は，

$$V = RI = 40 \times 10^6 \times 3 \times 10^{-3} = 40 \times 3 \times 10^6 \times 10^{-3} = 120 \times 10^{6+(-3)}$$
$$= 120 \times 10^3 \text{〔V〕}$$

例題において，公式に数値を代入するときに $\times 10^6$ とか $\times 10^{-3}$ というように数値を変換していることに気がつくはずである。これは**接頭語**と呼ばれているもので数値が 10 の何乗倍になっているかを表すもの

である．公式に代入するときに接頭語がついているときは，必ず注意をしなければならない．以下に接頭語の表を示す．

表1・1　単位の整数乗倍の接頭語

名　称	記号	倍　数	名　称	記号	倍　数
テ　ラ（tera）	T	10^{12}	セ　ン　チ（centi）	c	$10^{-2}=1/10^2$
ギ　ガ（giga）	G	10^9	ミ　　　リ（milli）	m	$10^{-3}=1/10^3$
メ　ガ（mega）	M	10^6	マ　イ　ク　ロ（micro）	μ	$10^{-6}=1/10^6$
キ　ロ（kilo）	k	10^3	ナ　　　ノ（nano）	n	$10^{-9}=1/10^9$
ヘ　ク　ト（hecto）	h	10^2	ピ　　　コ（pico）	p	$10^{-12}=1/10^{12}$
デ　カ（deca）	da	10	フ　ェ　ム　ト（femto）	f	$10^{-15}=1/10^{15}$
デ　シ（deci）	d	$10^{-1}=1/10$	ア　　　ト（atto）	a	$10^{-18}=1/10^{18}$

したがって，表1・1より抵抗は $40\,\mathrm{M\Omega}=40\times10^6\,\Omega$，電流は $3\,\mathrm{mA}=3\times10^{-3}\,\mathrm{A}$ となり，計算した端子電圧は $120\times10^3\,\mathrm{V}=120\,\mathrm{kV}$ ということもできる．

問 1-10　$1.2\,\mathrm{M\Omega}$ の抵抗に $100\,\mu\mathrm{A}$ の電流を流した．このとき，抵抗の両端に現れる端子電圧はいくらか．

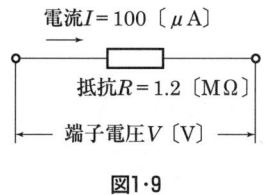

図1・9

(3) 対数

a を何乗したら N になるかを $\log_a N$ ($a>0$, $a\neq1$) と表し，これを a を底とする N の**対数**という．$a=10$ のときを**常用対数**，$a=\varepsilon$ のときを**自然対数**という．

《1-8》対数

$y = \log_a N$
$a^y = N$

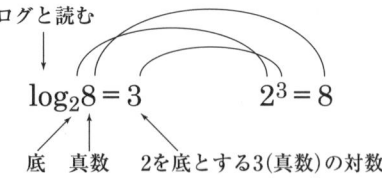

図1·10 対数

例1　$\log_{10} 100$ を求めると，$10^2 = 100$ だから，$\log_{10} 100 = 2$ となる。

例2　$\log_3 27$ を求めると，$3^3 = 27$ だから，$\log_3 27 = 3$ となる。

(4) 対数の性質

対数には次のような性質がある。

《1-9》対数の性質（$a>0$, $a\neq 1$）

$\log_a 1 = 0$

$\log_a a = 1$

$\log_a NM = \log_a N + \log_a M$

$\log_a \dfrac{M}{N} = \log_a M - \log_a N$

$\log_a N^m = m \log_a N$

$\log_a b = \dfrac{\log_n b}{\log_n a}$　$(n>0,\ n\neq 1)$

$\log_a b = \dfrac{1}{\log_b a}$　（底の変換）

例題 1.15　次の値を求めなさい。

(1) $\log_2 1$　　(2) $\log_5 25$　　(3) $\log_{10} 0.01$　　(4) $\log_3 \sqrt{3}$

解答

(1) $\log_2 1 = 0$　$(\because 2^0 = 1)$　　(2) $\log_5 25 = 2$　$(\because 5^2 = 25)$

(3) $\log_{10} 0.01 = -2$　$(\because 10^{-2} = 0.01)$　　(4) $\log_3 \sqrt{3} = \dfrac{1}{2}$　$(\because 3^{\frac{1}{2}} = \sqrt{3})$

例題 1.16 次の計算をしなさい。

(1) $\log_{10} 3 - \log_{10} 6 + \log_{10} 2$ (2) $\log_3 5 + \log_3 \dfrac{3}{5} - \log_3 9$

解答 ……………………………………………………………………………………

対数の性質を利用すると，

(1) $\log_{10} 3 - \log_{10} 6 + \log_{10} 2 = \log_{10}\left(\dfrac{3}{6}\right) + \log_{10} 2 = \log_{10}\dfrac{1}{2} + \log_{10} 2$

$\qquad\qquad\qquad\qquad = \log_{10}\left(\dfrac{1 \times 2}{2}\right) = \log_{10} 1 = 0$

(2) $\log_3 5 + \log_3 \dfrac{3}{5} - \log_3 9 = \log_3\left(\dfrac{5 \times 3}{5}\right) - \log_3 9 = \log_3 3 - \log_3 9$

$\qquad\qquad\qquad\qquad = \log_3\left(\dfrac{3}{9}\right) = \log_3 \dfrac{1}{3} = -1$

問 1-11 次の値を求めなさい。

(1) $\log_{10} 1000$ (2) $\log_{12} \sqrt{12}$ (3) $\log_2 0.5$ (4) $\log_8 64$

問 1-12 次の計算をしなさい。

(1) $\log_2 \dfrac{4}{5} + \log_2 40$ (2) $\log_6 2 + \log_6 18 - 2\log_6 \sqrt{216}$

例題 1.17 100〔mV〕の電圧を増幅回路①に入力したところと，出力電圧 1〔V〕であった。また，10〔μA〕の電流を増幅回路②に入力したところ，出力電流が 1〔mA〕であった。それぞれの増幅回路における電圧利得と電流利得はいくらか。

〈増幅回路の利得〉

電圧利得と電流利得は以下の式で計算をすることができる。

$$\text{電圧利得} = 20\log_{10}\dfrac{V_o}{V_i}\text{〔dB〕} \quad \text{電流利得} = 20\log_{10}\dfrac{I_o}{I_i}\text{〔dB〕}$$

$V_o =$ 出力電圧，$V_i =$ 入力電圧　$I_o =$ 出力電流　$I_i =$ 入力電流

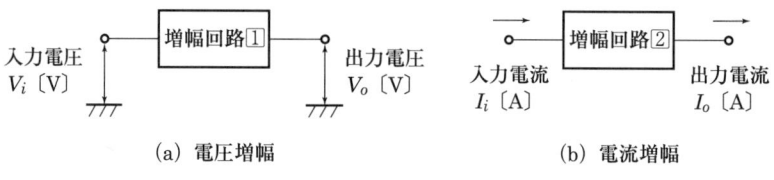

(a) 電圧増幅 (b) 電流増幅

図1·11 増幅回路

解答 ....

それぞれの利得を求める計算式を利用すると，増幅回路①の電圧利得は，

$$電圧利得 = 20 \log_{10} \frac{V_o}{V_i} = 20 \log_{10} \frac{1}{100 \times 10^{-3}} = 20 \log_{10} 10 = 20 \text{〔dB〕}$$

増幅回路②の電流利得は，

$$電流利得 = 20 \log_{10} \frac{I_o}{I_i} = 20 \log_{10} \frac{1 \times 10^{-3}}{10 \times 10^{-6}} = 20 \log_{10} 100 = 40 \text{〔dB〕}$$

問 1-13 40mV の電圧を増幅回路に入力したところと，出力電圧 0.4V であった。この増幅回路の電圧利得はいくらか。

1.5 平方根の計算

(1) 平方根

ある数 x を 2 乗したとき（$x^2=a$），a となる数 x を a の**平方根**といい，次のように表す。

$$x = \pm\sqrt{a}$$

$\sqrt{}$ は**根号**とよび，$\sqrt{a}$ は「ルート a」読む。

平方根には，正の平方根と負の平方根がある。ただし，長さや向きを考えたとき，$-\sqrt{a}$ は量をもたないので電気工学で用いることは少ない。

例1　6の平方根は，$\sqrt{6}$ と $-\sqrt{6}$（$\pm\sqrt{6}$）である。

例2　$(\sqrt{5})^2=5$，$(-\sqrt{5})^2=5$ である。

電気工学でよく利用される平方根について，以下に示しておく。

$\sqrt{2}=1.414\cdots$（覚え方：一夜一夜）
→ 交流での実効値と最大値の計算に利用

$\sqrt{3}=1.732\cdots$（覚え方：人並みに）
→ 三相交流での線間電圧と相電圧（線電流と相電流）の計算に利用

(2)　平方根の計算

$\sqrt{a}$，$\sqrt{b}$（$a>0$，$b>0$）二つの平方根においての乗除算について以下にまとめておく。

《1-10》平方根の計算

$\sqrt{a}\times\sqrt{b}=\sqrt{ab}$

$\dfrac{\sqrt{a}}{\sqrt{b}}=\sqrt{\dfrac{a}{b}}$

例題 1.18　次の値を計算しなさい。

(1) $(\sqrt{29})^2$　　(2) $\sqrt{5}\times\sqrt{3}$　　(3) $\dfrac{\sqrt{2}}{\sqrt{7}}$　　(4) $\sqrt{6}\times\dfrac{\sqrt{14}}{\sqrt{7}}\times\sqrt{3}$

解答

平方根の計算を利用して，

(1) $(\sqrt{29})^2=29$

(2) $\sqrt{5}\times\sqrt{3}=\sqrt{5\times3}=\sqrt{15}$（≒ 3.873）

(3) $\dfrac{\sqrt{2}}{\sqrt{7}}=\sqrt{\dfrac{2}{7}}$（≒ 0.535）

(4) $\sqrt{6}\times\dfrac{\sqrt{14}}{\sqrt{7}}\times\sqrt{3}=\sqrt{\dfrac{6\times14\times3}{7}}=\sqrt{36}=6$

1.5　平方根の計算

問 1-14 次の値を計算しなさい。

(1) $(-\sqrt{47})^2$　　　(2) $-(\sqrt{31})^2$

(3) $\sqrt{5} \times \sqrt{7} \times \dfrac{\sqrt{8}}{\sqrt{7}}$　　　(4) $\sqrt{12} \times \dfrac{\sqrt{2}}{\sqrt{5}} \times \sqrt{3}$

例題 1.19　最大値が 141.4〔V〕の正弦波交流電圧の実効値はいくらになるか。ただし，$\sqrt{2}=1.414$ とする。

〈交流回路の最大値と実効値〉

交流においての最大値 V_m と実効値 V の関係は次のようになる。

$$V_m = \sqrt{2}\,V$$

$$V = \dfrac{V_m}{\sqrt{2}}$$

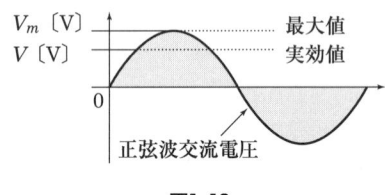

図1・12

解答

最大値と実効値の関係から，

$$V = \dfrac{V_m}{\sqrt{2}} = \dfrac{141.4}{\sqrt{2}} = \dfrac{141.4}{1.414} = 100 〔V〕$$

例題 1.20　電源，負荷が共に Y 結線された平衡三相交流において，相電圧を測定したところ 200〔V〕あった。このときの線間電圧はいくらになるか。ただし，$\sqrt{3}=1.732$ とする。

〈平衡三相交流回路の線間電圧と相電圧〉

三相交流回路の代表的な結線方法には Y 結線と Δ（デルタ）結線がある。以下にそれぞれ結線時の線間電圧・相電圧，線電流・相電流の関係をまとめる。

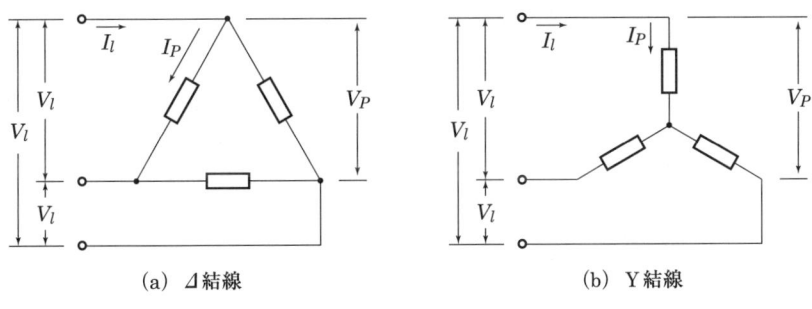

(a) Δ結線　　　　　　　　(b) Y結線

図1·13　平衡三相交流回路

結線方法	線間電圧 V_l と相電圧 V_p の関係	線電流 I_l と相電流 I_p の関係
Y結線	$V_l = \sqrt{3}\, V_p$	$I_l = I_p$
Δ結線	$V_l = V_p$	$I_l = \sqrt{3}\, I_p$

解答 ....

Y結線の線間電圧 V_l と相電圧 V_p の関係から，
$$V_l = \sqrt{3}\, V_p = \sqrt{3} \times 200 = 1.732 \times 200 = 346.41\,[\text{V}]$$

問1-15　実効値が120[V]の正弦波交流電圧の最大値はいくらになるか。ただし，$\sqrt{2} = 1.414$ とする。

問1-16　電源，負荷が共にΔ結線された平衡三相交流において，相電流を測定したところ12[A]あった。このときの線電流はいくらになるか。ただし，$\sqrt{3} = 1.732$ とする。

(3) 有理化

　分母に根号を含む式においては，そのままにせず，分母から根号をはずして，**有理化**をして式を変形する。有理化をする際には以下の公式を利用して，計算を行う。

《1-11》有理化のための公式

$(\sqrt{a})^2 = a$

$(\sqrt{a}+\sqrt{b})(\sqrt{a}-\sqrt{b}) = a-b$

例1　$\dfrac{3}{\sqrt{3}+\sqrt{5}}$ を有理化する（分母分子に $\sqrt{3}-\sqrt{5}$ を掛ける）。

$$\dfrac{3(\sqrt{3}-\sqrt{5})}{(\sqrt{3}+\sqrt{5})(\sqrt{3}-\sqrt{5})} = \dfrac{3\sqrt{3}-3\sqrt{5}}{3-5} = \dfrac{3\sqrt{5}-3\sqrt{3}}{2}$$

例2　$\dfrac{4}{\sqrt{5}}$ を有理化する（分母分子に $\sqrt{5}$ を掛ける）。

$$\dfrac{4}{\sqrt{5}} = \dfrac{4\sqrt{5}}{\sqrt{5}\times\sqrt{5}} = \dfrac{4\sqrt{5}}{5}$$

例題 1.21　次の式を有理化しなさい。

(1) $\dfrac{3}{\sqrt{6}}$　　(2) $\dfrac{2}{\sqrt{7}}$　　(3) $\dfrac{7}{\sqrt{5}-\sqrt{8}}$　　(4) $\dfrac{6}{5+\sqrt{3}}$

解答

有理化のための公式を利用して，

(1) $\dfrac{3}{\sqrt{6}} = \dfrac{3\sqrt{6}}{\sqrt{6}\times\sqrt{6}} = \dfrac{3\sqrt{6}}{6} = \dfrac{\sqrt{6}}{2}$

(2) $\dfrac{2}{\sqrt{7}} = \dfrac{2\sqrt{7}}{\sqrt{7}\times\sqrt{7}} = \dfrac{2\sqrt{7}}{7}$

(3) $\dfrac{7}{\sqrt{5}-\sqrt{8}} = \dfrac{7(\sqrt{5}+\sqrt{8})}{(\sqrt{5}-\sqrt{8})(\sqrt{5}+\sqrt{8})} = \dfrac{7\sqrt{5}+7\sqrt{8}}{5-8} = -\dfrac{7\sqrt{5}+14\sqrt{2}}{3}$

$(7\sqrt{8} = 7\sqrt{2\times 2^2} = 7\times 2\sqrt{2} = 14\sqrt{2})$

(4) $\dfrac{6}{5+\sqrt{3}} = \dfrac{6(5-\sqrt{3})}{(5+\sqrt{3})(5-\sqrt{3})} = \dfrac{30-6\sqrt{3}}{25-3} = \dfrac{30-6\sqrt{3}}{22} = \dfrac{15-3\sqrt{3}}{11}$

問 1-17 次の式を有理化しなさい。

(1) $\dfrac{2}{\sqrt{3}}$　　(2) $\dfrac{\sqrt{11}}{\sqrt{5}}$　　(3) $\dfrac{\sqrt{7}}{5-\sqrt{5}}$　　(4) $\dfrac{3+\sqrt{3}}{\sqrt{2}+4}$

(4) 累乗根

平方根とはある数 x を 2 乗したとき a となる数のことであったが，**累乗根**とはある数 x を n 乗したときに a となる数のことをいい，次のように表す。

《1-12》累乗根の表し方

$$x = \sqrt[n]{a} = a^{\frac{1}{n}}$$

このとき，$\sqrt[n]{a}$ を「a の n 乗根」とよむ。とくに $n=2$ のときを**平方根**とよび，$n=3$ のときを**立方根**という。

　　例 1　$\sqrt[3]{27} = 3$　（27 の立方根は 3 である。）

　　例 2　$57^{\frac{1}{5}} = \sqrt[5]{57}$

例題 1.22 次の指数表示された数は累乗根に，累乗根で表示された数は指数表示にしなさい。

(1) $23^{\frac{1}{2}}$　　(2) $34^{\frac{1}{6}}$　　(3) $\sqrt[3]{46}$　　(4) $\sqrt[4]{5}$

解答 ....

累乗根の表し方を利用する。

(1) $23^{\frac{1}{2}} = \sqrt[2]{23} = \sqrt{23}$　　(2) $34^{\frac{1}{6}} = \sqrt[6]{34}$　　(3) $\sqrt[3]{46} = 46^{\frac{1}{3}}$　　(4) $\sqrt[4]{5} = 5^{\frac{1}{4}}$

問 1-18 次の指数表示された数は累乗根に，累乗根で表示された数は指数表示にしなさい。

(1) $87^{\frac{1}{4}}$　　(2) $33^{\frac{1}{3}}$　　(3) $\sqrt[3]{5} \times \sqrt[4]{5}$　　(4) $\sqrt[4]{9} \times \sqrt[6]{9}$

―――――― 章末問題① ――――――

1. $R_1 = 4\,[\Omega]$, $R_2 = 1\,[\Omega]$, $R_3 = 2\,[\Omega]$ の3つの抵抗がある。次の各問題に答えなさい。
   (1) 3つの抵抗をすべて直列に接続したときの合成抵抗 R_S の値を計算しなさい。
   (2) 3つの抵抗をすべて並列に接続したときの合成抵抗 R_P の値を計算しなさい。

   《(1) p.4「例題 1.4　抵抗の直列接続の合成抵抗」参照／
   　(2) p.12「例題 1.12　抵抗の並列接続の合成抵抗」参照》

2. $3\,[\mathrm{k\Omega}]$ の抵抗に $15\,[\mathrm{mA}]$ の電流を流した。このとき，抵抗の両端に現れる端子電圧はいくらか。

   《p.14「例題 1.14　オームの法則と接頭語の使い方」参照》

3. $2\,[\mathrm{mV}]$ の電圧を増幅回路①に入力したところと，出力電圧 $2\,[\mathrm{V}]$ であった。また，$5\,[\mu\mathrm{A}]$ の電流を増幅回路②に入力したところ，出力電流が $1\,[\mathrm{mA}]$ であった。それぞれの増幅回路における電圧利得と電流利得はいくらか。

   《p.17「例題 1.17　増幅回路の利得」参照》

4. 最大値が $70.71\,[\mathrm{V}]$ の正弦波交流電圧の実効値はいくらになるか。ただし，$\sqrt{2} = 1.414$ とする。

   《p.20「例題 1.19　交流回路の最大値と実効値」参照》

5. 電源，負荷が共に Δ 結線された平衡三相交流において，相電流を測定したところ $10\,[\mathrm{A}]$ あった。このときの線電流はいくらになるか。ただし，$\sqrt{3} = 1.732$ とする。

   《p.20「例題 1.20　平衡三相交流回路の線間電圧と相電圧」参照》

第1章　整式の計算と回路計算

第2章 方程式・行列と回路計算

本章では回路の解析においては大変重要な計算である，一次方程式，連立一次方程式，二次方程式の解き方について学習していく。さらに，連立一次方程式の行列式を用いた解き方（クラーメルの公式）についても学習していく。

2.1 一次方程式の解き方

(1) 方程式

2つの式を等号（＝）でつなげた式を**等式**という。この等式の中に未知数が含まれる式のことを**方程式**という。未知数を求めることを**方程式を解く**といい，方程式の答えのことを**解**（または**根**）という。

方程式には未知数の数，次数によって様々な形が考えられる。例えば，

$$2x+5=6$$

という方程式は未知数が1つ，未知数の最大次数が1なので「一元一次方程式」という。また，次のようなときは，

$$3x^2+4x-6=0$$

未知数が1つ，未知数の最大次数が2なので「一元二次方程式」とよぶ。一般に，未知数が n 個で，未知数の最大次数が m の場合の方程式を「n 元 m 次方程式」とよぶ。

(2) 等式の性質

2つの式を等号（＝）でつなげたとき，等号の左側を**左辺**，右側を**右辺**という。等式には次のような性質がある。

《2-1》等式の性質

- 両辺（左辺と右辺）に同じ数を足しても，引いても等式は成り立つ。

  $a=b$ のとき，$a+c=b+c$，$a-c=b-c$

- 両辺に同じ数を掛けても，割っても等式は成り立つ。

  $a=b$ のとき，$a \times c = b \times c$，$\dfrac{a}{c} = \dfrac{b}{c}$

- 項を他辺に移すときは，項の符号をプラス・マイナス逆にする。これを**移項**という。

  $a+c=b$ のとき，c を右辺に移項すると，$a=b-c$

例　$a+2b=5$ を文字（b）について等式の性質を利用して式を整理する。

左辺の a を右辺に移項する（両辺に $-a$ を加える）。

$$2b = 5-a$$

左辺の b の係数で両辺を割る。

$$\frac{2b}{2} = \frac{5-a}{2}$$

$$\therefore \ b = \frac{5-a}{2}$$

例題 2.1　次の等式を [ ] 内の文字について整理しなさい。

(1) $2a+4=3b$ 　$[a]$ 　　(2) $\dfrac{3x-3}{4} = 5y+2$ 　$[x]$

(3) $a+b=4(c+b)$ 　$[a]$

解答　………………………………………………………………

等式の性質を利用すると，

(1) $2a+4=3b$

左辺の 4 を右辺に移項する。	$2a = 3b - 4$
両辺を 2 で割る。	$\dfrac{2a}{2} = \dfrac{3b-4}{2}$
	$\therefore\ a = \dfrac{3b-4}{2}$

(2) $\dfrac{3x-3}{4} = 5y + 2$

両辺に 4 を掛ける。	$\left(\dfrac{3x-3}{4}\right) \times 4 = (5y+2) \times 4$
左辺の -3 を右辺に移項する。	$3x - 3 = 20y + 8$
	$3x = 20y + 8 + 3$
	$3x = 20y + 11$
両辺を 3 で割る。	$\dfrac{3x}{3} = \dfrac{20y+11}{3}$
	$\therefore\ x = \dfrac{20y+11}{3}$

(3) $a + b = 4(c + b)$

右辺を展開する。	$a + b = 4c + 4b$
左辺の b を右辺に移項する。	$a = 4c + 4b - b$
	$\therefore\ a = 4c + 3b$

(3) 一次方程式の解き方

一次方程式の解き方の手順を次に示す。

手順① 方程式に含まれているカッコをはずす。

手順② 未知数を含む項を左辺に，定数項を右辺に移項し，式を整理する。

手順③ 未知数の係数で両辺を割る。

　　例　$3x + 2 = -2(x - 6)$ を未知数 x について方程式を解く。

手順①　方程式に含まれているカッコをはずす。

$$3x + 2 = -2x + 12$$

手順②　未知数を含む項を左辺に，定数項を右辺に移項し，式を整理する。

2.1　一次方程式の解き方

$$3x + 2x = 12 - 2$$
$$5x = 10$$

手順③　未知数の係数で両辺を割る。

$$\frac{5x}{5} = \frac{10}{5}$$
$$x = 2$$

よって，解は $x=2$ となる。

例題 2.2　次の方程式を解きなさい。

(1) $3x = 6$
(2) $x + 2 = 3(x - 2)$
(3) $\dfrac{4+x}{3} = 3x$
(4) $5x = 2(3x + 1)$

解答

(1) $3x = 6$

未知数の係数で両辺を割る。

$$\frac{3x}{3} = \frac{6}{3}$$
$$\therefore \quad x = 2$$

(2) $x + 2 = 3(x - 2)$

右辺を展開する（方程式に含まれているカッコをはずす）。

$$x + 2 = 3x - 6$$

未知数を含む項を左辺に，定数項を右辺に移項し，式を整理する。

$$x - 3x = -6 - 2$$
$$-2x = -8$$

未知数の係数で両辺を割る。

$$\frac{-2x}{-2} = \frac{-8}{-2}$$
$$\therefore \quad x = 4$$

(3) $\dfrac{4+x}{3}=3x$

両辺に 3 を掛ける。

$\left(\dfrac{4+x}{3}\right)\times 3=3x\times 3$

$4+x=9x$

未知数を含む項を左辺に，定数項を右辺に移項し，式を整理する。

$x-9x=-4$

$-8x=-4$

未知数の係数で両辺を割る。

$\dfrac{-8x}{-8}=\dfrac{-4}{-8}$

$\therefore \quad x=\dfrac{1}{2}$

(4) $5x=2(3x+1)$

右辺を展開する（方程式に含まれているカッコをはずす）。

$5x=6x+2$

未知数を含む項を左辺に，定数項を右辺に移項し，式を整理する。

$5x-6x=2$

$-x=2$

未知数の係数で両辺を割る。

$\dfrac{-x}{-1}=\dfrac{2}{-1}$

$\therefore \quad x=-2$

問 2-1 次の方程式を解きなさい。

(1) $3(x+2)=4x$ 　　(2) $\dfrac{1}{2}x+4=\dfrac{1}{4}+3x$

(3) $\dfrac{2x+7}{3}=\dfrac{x}{3}$ 　　(4) $4(3x+1)=\dfrac{x-3}{3}$

例題 2.3　図 2·1 のホイートストンブリッジ回路において，可変抵抗（抵抗値を変えることのできる抵抗）R_3 を調整して 955〔Ω〕にしたとき，スイッチ S を閉じても検流計 G に電流が流れなくなった。未知抵抗 R_4 はいくらか。

〈ホイートストンブリッジによる抵抗の測定〉

ブリッジ回路の平衡条件（検流計に電流が流れなくなるとき）

$$R_1 R_3 = R_2 R_4$$

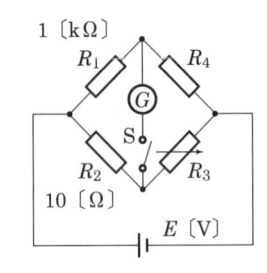

図2·1　ホイートストンブリッジ回路

解答

公式において，R_4 を未知抵抗（未知数）x とおいて，方程式をたてると，$R_1 = 1$〔kΩ〕，$R_2 = 10$〔Ω〕，$R_3 = 955$〔Ω〕，R_4 を x〔Ω〕なので，

$$1 \times 10^3 \times 955 = 10 \times x$$
$$955000 = 10x$$

未知数を含む項を左辺に，定数項を右辺に移項し，式を整理する。

$$-10x = -955000$$

未知数の係数で両辺を割る。

$$-10x = -955000$$
$$\frac{-10x}{-10} = \frac{-955000}{-10}$$
$$\therefore \quad x = 95500 \text{〔Ω〕} = 95.5 \times 10^3 \text{〔Ω〕} = 95.5 \text{〔kΩ〕}$$

問 2-2　例題 2.3 の回路において，可変抵抗 R_3 を調整して 450〔Ω〕にしたとき，ブリッジが平衡した。このとき未知抵抗 R_4 はいくらか。

2.2　連立方程式の解き方（1）

(1)　連立方程式

連立方程式とは2つ以上の未知数を含み，未知数に同じ値を代入したときに同時に成立する方程式のことをいう。一般に未知数の数だけ方程式があれば，連立方程式の解を求めることができる。

(2)　連立方程式の解き方

次のような連立方程式を例に，**代入法**と**加減法**について説明していく。

$$\begin{cases} 2x+3y=5 & \cdots\cdots\cdots\cdots① \\ x+y=2 & \cdots\cdots\cdots\cdots② \end{cases}$$

● **代入法**　　1つの方程式のある未知数について整理し，その式を他方の式へ代入し連立方程式を解く方法。

実際に代入法を用いて連立方程式を解いていく。

まず，式②を x について整理する．

$$x=2-y \quad \cdots\cdots\cdots\cdots②' \quad (y \text{を右辺に移項する})$$

次に，式②' を式①に代入し式を整理する。

$$2(2-y)+3y=5$$
$$4-2y+3y=5$$
$$y+4=5 \quad \cdots\cdots\cdots\cdots①'$$

（式①' は y についての1元1次方程式となる）

したがって y の値は，

$$y=5-4$$
$$y=1 \quad \cdots\cdots\cdots\cdots③$$

式③を式①に代入し式を整理する。

$$2x+3\times1=5$$
$$2x+3=5 \quad \cdots\cdots\cdots\cdots①''$$

(式①″は x についての1元1次方程式となる)

したがって x の値は,

$2x+3=5$

$2x=5-3$

$2x=2$

$x=1$ …………………④

式③, ④より, 連立方程式の解は $x=1$, $y=1$ ということになる。

● **加減法**　2つの方程式の1つの未知数に着目し, 未知数の係数を揃えて2つの方程式を加算, または減算することで, 連立方程式を解く方法。

実際に加減法で連立方程式を解いていく。

まず, 未知数 x に着目し, 式②の両辺を2倍する。

$2x+2y=4$ ………………②′

(等式の両辺に同じ数を掛けても等式は成り立つ)

次に式①から式②′を引く (式① − 式②′)

$2x+3y=5$ …………①
$\underline{-)\ 2x+2y=4}$ …………②′
$y=1$ …………③

式③を式②に代入する。

$x+y=2$

$x+1=2$

$x=2-1$

$x=1$ …………………④

　　式③, ④より, 連立方程式の解は $x=1$, $y=1$ ということになる。

例題 2.4　次の連立方程式を解きなさい。

(1) $\begin{cases} 3x+4y=18 & \cdots\cdots\cdots① \\ 4x-2y=2 & \cdots\cdots\cdots② \end{cases}$　(2) $\begin{cases} 6x-2y=2.5 & \cdots\cdots\cdots① \\ 9x+16y=8.5 & \cdots\cdots\cdots② \end{cases}$

解答

(1)を代入法，(2)を加減法により解いていく。

(1) 代入法で解く。

式②を y について整理する。

$$4x - 2y = 2$$
$$-2y = -4x + 2 \quad (両辺を -2 でわる)$$
$$y = 2x - 1 \quad \cdots\cdots\cdots ②'$$

式②′を式①に代入する。

$$3x + 4(2x - 1) = 18$$
$$3x + 8x - 4 = 18$$
$$11x - 4 = 18$$
$$11x = 18 + 4$$
$$11x = 22$$
$$x = 2 \quad \cdots\cdots\cdots ①'$$

式①′を式①に代入する（式②へ代入してもよい）。

$$3 \times 2 + 4y = 18$$
$$6 + 4y = 18$$
$$4y = 18 - 6$$
$$4y = 12$$
$$y = 3 \quad \cdots\cdots\cdots ③$$

式①′，式③より $x = 2$, $y = 3$

(2) 加減法で解く。

式①の両辺を 8 倍すると，

$$48x - 16y = 20 \quad \cdots\cdots ①'$$

式①′と式②を足す。(式①′ + 式②)

$$
\begin{array}{r}
48x - 16y = 20 \quad \cdots\cdots ①' \\
+)\ \ 9x + 16y = 8.5 \quad \cdots\cdots ② \\
\hline
57x \phantom{{}+16y} = 28.5 \\
x = 0.5 \quad \cdots\cdots ③
\end{array}
$$

式③を式①に代入する。
$$6 \times 0.5 - 2y = 2.5$$
$$3 - 2y = 2.5$$
$$-2y = 2.5 - 3$$
$$-2y = -0.5$$
$$y = 0.25 \quad \cdots\cdots\cdots ④$$

式③,式④より $x = 0.5$, $y = 0.25$

問2-3 例題2.4の(1)を加減法で,(2)を代入法で解きなさい。

例題2.5 次の回路網に流れる電流 I_1, I_2, I_3 の値を求めなさい。

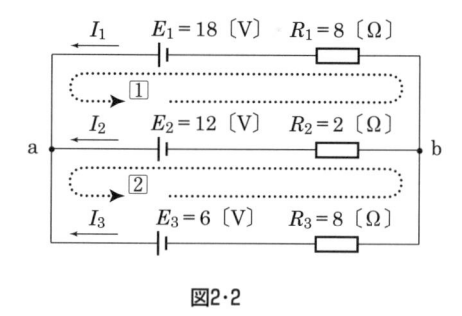

図2·2

〈キルヒホッフの法則〉

　キルヒホッフの法則とは複雑な回路(回路網)を解く時に用いる法則で第1法則(電流に関する法則)と第2法則(電圧降下と起電力に関する法則)に分かれている。

● **キルヒホッフの第1法則**　回路網中にある接続点に,流入する電流の総和と,流出する電流の総和は等しくなる。図2·3において,キルヒホッフの第1法則を適用して方程式をたてると,
$$I_1 + I_3 = I_2 + I_4$$

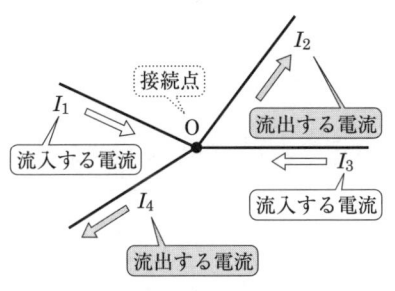

図2·3 キルヒホッフの第1法則
（電流に関する法則）

- **キルヒホッフの第2法則** 　回路網中の任意の閉路を一定方向に一周したとき，回路の各部分の電圧降下の代数和と，起電力の代数和は互いに等しくなる。図2·4において，キルヒホッフの第2法則を適用して方程式をたてると，

$$I_1 R_1 + I_2 R_2 - I_3 R_3 = E_1 - E_3$$

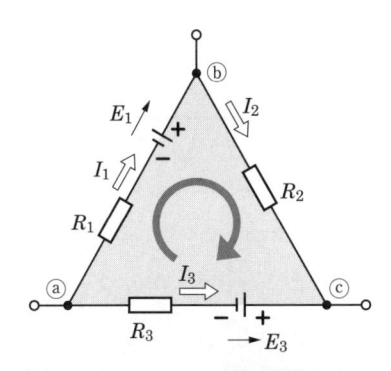

図2·4 キルヒホッフの第2法則
（電圧降下と起電力に関する法則）

解答

各抵抗 R_1, R_2, R_3 に流れる電流の方向を図2·2のように定めて，分岐点aについてキルヒホッフの第1法則を適用して方程式をつくると，

$$I_1+I_2+I_3=0$$
$$-(I_1+I_2)=I_3 \cdots\cdots ①$$

となる。

次に，図のように閉路①，②を考え，キルヒホッフの第2法則を適用して方程式をつくる。一般的には回路網中の任意の閉路にそって一定方向に一周して方程式をつくるとき，たどる方向は時計回りでも反時計回りでもどちらでもよい。今回は図のように閉路①，②共に反時計回りでたどって方程式をつくる。

閉路①から
$$I_1R_1-I_2R_2=E_1-E_2$$
$$8I_1-2I_2=18-12$$
$$8I_1-2I_2=6 \cdots\cdots ②$$

閉路②から
$$I_2R_2-I_3R_3=E_2-E_3$$
$$2I_2-8I_3=12-6$$
$$2I_2-8I_3=6 \cdots\cdots ③$$

式③に式①を代入すると，
$$2I_2-8(-I_1-I_2)=6$$
$$2I_2+8I_1+8I_2=6$$
$$8I_1+10I_2=6 \cdots\cdots ④$$

式②と式④で連立方程式を解くと，
$$\begin{cases} 8I_1-2I_2=6 \cdots\cdots ② \\ 8I_1+10I_2=6 \cdots\cdots ④ \end{cases}$$

式② － 式④

$$\begin{array}{r} 8I_1-2I_2=6 \\ -)\ 8I_1+10I_2=6 \\ \hline -12I_2=0 \end{array}$$

∴ $I_2=0$〔A〕 $\cdots\cdots ⑤$

式⑤を式②に代入すると，
$$8I_1 - 2 \times 0 = 6$$
$$\therefore I_1 = \frac{6}{8} = 0.75 [A] \quad \cdots\cdots ⑥$$

式⑤と式⑥を式①に代入すると，
$$I_3 = -(I_1 + I_2) = -(0.75 + 0) = -0.75 [A]$$

I_3 の値が負（−）の値となった。これは，I_3 を最初に定めたときの方向と反対向きに流れていることを意味する。

問2-4 例題2.5の閉路をたどる向きを時計回りにしたとき，回路に流れる各電流 I_1, I_2, I_3 を求めなさい。

2.3 二次方程式の解き方

(1) 二次方程式

二次方程式とは方程式に含まれる未知数の最大次数が2次のもので，一般的には次のような方程式のことである。
$$ax^2 + bx + c = 0 \quad (ただし a, b, c は定数，a \neq 0)$$

二次方程式を解くには，一番簡単なものにおいては平方根を利用して解くことができるが，少し複雑な二次方程式の場合は，解の公式を利用する解き方や因数分解を利用する解き方がある。

(2) 二次方程式の解き方

● **平方根を利用する解き方** 一番単純な二次方程式を解く方法である。一般的な二次方程式 $ax^2 + bx + c = 0$ で $a > 0$, $b = 0$, $c \leqq 0$ のときに用いる。

例 $2x^2 - 6 = 0$ を解く。

−6を右辺に移項する。
$$2x^2 = 6$$

両辺を 2 で割り，平方根をとる。
$$x^2 = 3$$
$$\sqrt{x^2} = \pm\sqrt{3}$$
$$x = \pm\sqrt{3}$$

● **解の公式を利用する解き方**　与えられた二次方程式 $ax^2+bx+c=0$ が $a>0$, $b \geqq 0$, $c \geqq 0$ のとき，因数分解することができない場合に，次の解の公式を利用する。

《2-2》**解の公式**
$$x = \frac{-b \pm \sqrt{b^2-4ac}}{2a}$$

例　$3x^2+5x-1=0$ を解く。

与えられた二次方程式は因数分解をすることができないので，解の公式を利用して解く。

$$x = \frac{-b \pm \sqrt{b^2-4ac}}{2a} = \frac{-5 \pm \sqrt{5^2-4 \cdot 3 \cdot (-1)}}{2 \cdot 3}$$
$$= \frac{-5 \pm \sqrt{25+12}}{6} = \frac{-5 \pm \sqrt{37}}{6}$$

● **因数分解を利用する解き方**　与えられた二次方程式 $ax^2+bx+c=0$ が $a>0$, $b \geqq 0$, $c \geqq 0$ のときで，因数分解することができるときは，二次方程式の左辺を因数分解して解く。

例　$x^2+x-6=0$ を解く。

この方程式の左辺は因数分解することができるので，まず因数分解を行うと，
$$(x+3)(x-2)=0$$
したがって，解は $x=-3, 2$ ということになる。

例題 2.6　次の二次方程式を解の公式を利用する解き方と，因数分解を利用する解き方で解きなさい。
$$x^2+4x+3=0$$

解答

● 解の公式を利用する解き方

$$x = \frac{-b \pm \sqrt{b^2 - 4ac}}{2a} = \frac{-4 \pm \sqrt{4^2 - 4 \cdot 1 \cdot 3}}{2 \cdot 1} = \frac{-4 \pm \sqrt{16 - 12}}{2}$$

$$= \frac{-4 \pm \sqrt{4}}{2} = \frac{-4 \pm 2}{2}$$

∴ $x = -1, -3$

● 因数分解を利用する解き方

与えられた二次方程式を因数分解すると，
$(x+1)(x+3) = 0$

∴ $x = -1, -3$

問 2-5 次の二次方程式を解きなさい。

(1) $\frac{1}{3}x^2 - 3 = 0$ (2) $4x^2 + 2x = 0$

(3) $3x^2 + 9x - 5 = 0$ (4) $x^2 - 36 = 0$

例題 2.7 40〔Ω〕の抵抗に20秒間，電流を流し続けたところ，28 800〔J〕の熱量が発生した。このとき抵抗に流した電流はいくらか。

〈ジュールの法則〉

ジュールの法則とは，抵抗内で消費されるエネルギーは，すべて熱エネルギーに変換される。というもので，熱量は次の式で計算される。

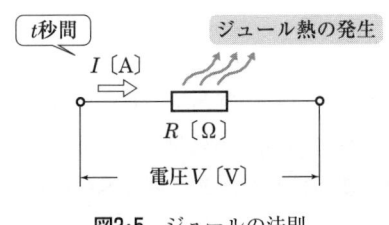

$H = I^2 R t$ 〔J〕

図2・5 ジュールの法則

したがって，公式を I について整理し，方程式を解くことで電流の値がわかる。

$$I^2 = \frac{H}{Rt}$$

この式は，二次方程式であり，かつ両辺の平方根をとれば求まる形である．

解答 ....

$$\sqrt{I^2} = \sqrt{\frac{H}{Rt}}$$

$$I = \sqrt{\frac{H}{Rt}} = \sqrt{\frac{28800}{40 \times 20}} = \sqrt{36} = 6〔A〕$$

問 2-6 3〔Ω〕の抵抗に45秒間，電流を流し続けたところ，540〔J〕の熱量が発生した．このとき抵抗に流した電流はいくらか．

2.4 連立方程式の解き方（2）

連立方程式の解き方には代入法と加減法があることはすでに学んだ．ここでは，さらに進んで，行列式を用いたクラーメルの公式を用いて連立方程式を解く方法を学ぶ．

(1) 行列

行列とは，いくつかの数値や文字を長方形または，正方形に並べまとめたもので，並べた数値や文字を行列の**要素**，横並びの要素を**行**，縦並びの要素を**列**という．行と列の要素数が等しいものを**正方行列**といい，特に対角要素が1でそれ以外の要素は0である行列を**単位行列**という．

$$\begin{pmatrix} a & b \\ c & d \end{pmatrix} \qquad \begin{pmatrix} a & b & 6 \\ 1 & 3 & b \\ 0 & 4 & c \end{pmatrix} \qquad \begin{pmatrix} 1 & 0 & 0 \\ 0 & 1 & 0 \\ 0 & 0 & 1 \end{pmatrix}$$

　　2行2列　　　　3行3列　　　　単位行列

(2) 行列の演算

《2-3》行列の演算

- **行列の加減算**　行列どうしの加減算を行うときは，お互いの行と列の数が等しいとき，次のように計算することができる。

$$\begin{pmatrix} a_{11} & a_{12} \\ a_{21} & a_{22} \end{pmatrix} \pm \begin{pmatrix} b_{11} & b_{12} \\ b_{21} & b_{22} \end{pmatrix} = \begin{pmatrix} a_{11} \pm b_{11} & a_{12} \pm b_{12} \\ a_{21} \pm b_{21} & a_{22} \pm b_{22} \end{pmatrix}$$

- **行列の乗算**　行列どうしの乗算を行うときは，お互いの行の数が等しいとき，次のように計算することができる。

$$\begin{pmatrix} a_{11} & a_{12} \\ a_{21} & a_{22} \end{pmatrix} \begin{pmatrix} b_{11} \\ b_{21} \end{pmatrix} = \begin{pmatrix} a_{11}b_{11} + a_{12}b_{21} \\ a_{21}b_{11} + a_{22}b_{21} \end{pmatrix}$$

例題 2.8　次の行列の計算をしなさい。

(1) $\begin{pmatrix} 3 & 9 \\ 5 & 6 \end{pmatrix} - \begin{pmatrix} 4 & 1 \\ 5 & 6 \end{pmatrix}$　　(2) $\begin{pmatrix} 1 & 6 \\ 0 & 4 \end{pmatrix} \begin{pmatrix} 4 \\ 3 \end{pmatrix}$

解答

行列の演算の方法から，

(1) $\begin{pmatrix} 3 & 9 \\ 5 & 6 \end{pmatrix} - \begin{pmatrix} 4 & 1 \\ 5 & 6 \end{pmatrix} = \begin{pmatrix} 3-4 & 9-1 \\ 5-5 & 6-6 \end{pmatrix} = \begin{pmatrix} -1 & 8 \\ 0 & 0 \end{pmatrix}$

(2) $\begin{pmatrix} 1 & 6 \\ 0 & 4 \end{pmatrix} \begin{pmatrix} 4 \\ 3 \end{pmatrix} = \begin{pmatrix} 1 \times 4 + 6 \times 3 \\ 0 \times 4 + 4 \times 3 \end{pmatrix} = \begin{pmatrix} 22 \\ 12 \end{pmatrix}$

問 2-7　次の行列の計算をしなさい。

(1) $\begin{pmatrix} -3 & 5 \\ 2 & 10 \end{pmatrix} + \begin{pmatrix} 0 & 12 \\ 3 & 4 \end{pmatrix}$　　(2) $\begin{pmatrix} 6 & 23 \\ 10 & 6 \end{pmatrix} - \begin{pmatrix} 5 & 13 \\ 4 & 2 \end{pmatrix} + \begin{pmatrix} 1 & 0 \\ 2 & -2 \end{pmatrix}$

(3) $\begin{pmatrix} 12 & 16 \\ 6 & 11 \end{pmatrix} \begin{pmatrix} 4 \\ 24 \end{pmatrix}$

(3) 行列式

行列式とは行列の各要素を規則的に取り出し，正負の記号をつけそれらの積を作り，さらにそれらの和をとる計算である。

例1　行列式 $\begin{vmatrix} a_{11} & a_{12} \\ a_{21} & a_{22} \end{vmatrix}$ を計算する。

$$\begin{vmatrix} a_{11} & a_{12} \\ a_{21} & a_{22} \end{vmatrix} = a_{11}a_{22} - a_{12}a_{21}$$

例2　行列式 $\begin{vmatrix} a_{11} & a_{12} & a_{13} \\ a_{21} & a_{22} & a_{23} \\ a_{31} & a_{32} & a_{33} \end{vmatrix}$ を計算する。

$$\begin{vmatrix} a_{11} & a_{12} & a_{13} \\ a_{21} & a_{22} & a_{23} \\ a_{31} & a_{32} & a_{33} \end{vmatrix} = a_{11}a_{22}a_{33} + a_{12}a_{23}a_{31} + a_{13}a_{21}a_{32}$$
$$- a_{13}a_{22}a_{31} - a_{12}a_{21}a_{33} - a_{11}a_{23}a_{32}$$

例題 2.9　次の行列式の値を求めなさい。

(1) $\begin{vmatrix} 2 & 3 \\ 5 & 8 \end{vmatrix}$　　(2) $\begin{vmatrix} 1 & 1 & 0 \\ 0 & 3 & 4 \\ 3 & 4 & 2 \end{vmatrix}$

解答

例1と例2の式を利用して，

(1) $\begin{vmatrix} 2 & 3 \\ 5 & 8 \end{vmatrix} = 2 \times 8 - 3 \times 5 = 1$

(2) $\begin{vmatrix} 1 & 1 & 0 \\ 0 & 3 & 4 \\ 3 & 4 & 2 \end{vmatrix} = 1 \times 3 \times 2 + 1 \times 4 \times 3 + 0 \times 0 \times 4$
$- 0 \times 3 \times 3 - 1 \times 0 \times 2 - 1 \times 4 \times 4 = 2$

問 2-8 次の行列式を計算しなさい。

(1) $\begin{vmatrix} 6 & 3 \\ 5 & -1 \end{vmatrix}$ (2) $\begin{vmatrix} a & b \\ a & c \end{vmatrix}$ (3) $\begin{vmatrix} 1 & -2 & 1 \\ 3 & 5 & 0 \\ -4 & 0 & 2 \end{vmatrix}$

(4) クラーメルの公式

$$\begin{cases} a_{11}x + a_{12}y = b_{11} \\ a_{21}x + a_{22}y = b_{21} \end{cases}$$

　この二元一次連立方程式を行列式で解く場合は，まず，方程式の各係数および定数を抜き出し，次のような行列を作る。

$$\begin{pmatrix} a_{11} & a_{12} \\ a_{21} & a_{22} \end{pmatrix} \begin{pmatrix} x \\ y \end{pmatrix} = \begin{pmatrix} b_{11} \\ b_{21} \end{pmatrix}$$

次に，クラーメルの公式を用いて，各未知数 x と y を計算する。

$$x = \frac{\begin{vmatrix} b_{11} & a_{12} \\ b_{21} & a_{22} \end{vmatrix}}{\begin{vmatrix} a_{11} & a_{12} \\ a_{21} & a_{22} \end{vmatrix}} = \frac{a_{22}b_{11} - a_{12}b_{21}}{a_{11}a_{22} - a_{12}a_{21}} \qquad y = \frac{\begin{vmatrix} a_{11} & b_{11} \\ a_{21} & b_{21} \end{vmatrix}}{\begin{vmatrix} a_{11} & a_{12} \\ a_{21} & a_{22} \end{vmatrix}} = \frac{a_{11}b_{21} - a_{21}b_{11}}{a_{11}a_{22} - a_{12}a_{21}}$$

同様に三元一次連立方程式を解くときは，

$$\begin{cases} a_{11}x + a_{12}y + a_{13}z = b_{11} \\ a_{21}x + a_{22}y + a_{23}z = b_{21} \\ a_{31}x + a_{32}y + a_{33}z = b_{31} \end{cases} \Rightarrow \begin{pmatrix} a_{11} & a_{12} & a_{13} \\ a_{21} & a_{22} & a_{23} \\ a_{31} & a_{32} & a_{33} \end{pmatrix} \begin{pmatrix} x \\ y \\ z \end{pmatrix} = \begin{pmatrix} b_{11} \\ b_{21} \\ b_{31} \end{pmatrix}$$

クラーメルの公式を用いると，

$$|D| = \begin{vmatrix} a_{11} & a_{12} & a_{13} \\ a_{21} & a_{22} & a_{23} \\ a_{31} & a_{32} & a_{33} \end{vmatrix}$$

2.4 連立方程式の解き方 (2)

$$x = \frac{\begin{vmatrix} b_{11} & a_{12} & a_{13} \\ b_{21} & a_{22} & a_{23} \\ b_{31} & a_{32} & a_{33} \end{vmatrix}}{|D|} \qquad y = \frac{\begin{vmatrix} a_{11} & b_{11} & a_{13} \\ a_{21} & b_{21} & a_{23} \\ a_{31} & b_{31} & a_{33} \end{vmatrix}}{|D|} \qquad z = \frac{\begin{vmatrix} a_{11} & a_{12} & b_{11} \\ a_{21} & a_{22} & b_{21} \\ a_{31} & a_{32} & b_{31} \end{vmatrix}}{|D|}$$

例題 2.10 次の連立方程式をクラーメルの公式を利用して解きなさい。

$$\begin{cases} 2x+3y=14 \\ 5x-y=18 \end{cases}$$

解答

まず，連立方程式の係数および定数を抜き出して，行列を作る。

$$\begin{pmatrix} 2 & 3 \\ 5 & -1 \end{pmatrix} \begin{pmatrix} x \\ y \end{pmatrix} = \begin{pmatrix} 14 \\ 18 \end{pmatrix}$$

次に，クラーメルの公式を利用して，

$$x = \frac{\begin{vmatrix} 14 & 3 \\ 18 & -1 \end{vmatrix}}{\begin{vmatrix} 2 & 3 \\ 5 & -1 \end{vmatrix}} = \frac{14 \times (-1) - 3 \times 18}{2 \times (-1) - 3 \times 5} = \frac{-68}{-17} = 4$$

$$y = \frac{\begin{vmatrix} 2 & 14 \\ 5 & 18 \end{vmatrix}}{\begin{vmatrix} 2 & 3 \\ 5 & -1 \end{vmatrix}} = \frac{2 \times 18 - 14 \times 5}{-17} = \frac{-34}{-17} = 2$$

問 2-9 次の連立方程式をクラーメルの公式を利用して解きなさい。

(1) $\begin{cases} 0.5x+y=9 \\ 4x+9y=90 \end{cases}$ (2) $\begin{cases} 3x+y-z=6 \\ x+2y=5 \\ 4x+z=0 \end{cases}$

例題 2.11　例題 2.5（キルヒホッフの法則）で立てた，連立方程式をクラーメルの公式を利用して解きなさい。

なお，例題 2.5 で導いた連立方程式は，

$$\begin{cases} I_1+I_2+I_3=0 \\ 8I_1-2I_2=6 \\ 2I_2-8I_3=6 \end{cases}$$

である。

解答 ....

まず，連立方程式の各係数と定数を抜き出して，行列を作る。

$$\begin{pmatrix} 1 & 1 & 1 \\ 8 & -2 & 0 \\ 0 & 2 & -8 \end{pmatrix} \begin{pmatrix} I_1 \\ I_2 \\ I_3 \end{pmatrix} = \begin{pmatrix} 0 \\ 6 \\ 6 \end{pmatrix}$$

次にクラーメルの公式を利用して，

$$|D| = \begin{vmatrix} 1 & 1 & 1 \\ 8 & -2 & 0 \\ 0 & 2 & -8 \end{vmatrix} = 1\times(-2)\times(-8)+1\times 0\times 0+1\times 8\times 2-1\times(-2)\times 0-1\times 8\times(-8)-1\times 0\times 2=96$$

$$I_1 = \frac{\begin{vmatrix} 0 & 1 & 1 \\ 6 & -2 & 0 \\ 6 & 2 & -8 \end{vmatrix}}{|D|} = \frac{72}{96} = 0.75 \text{(A)}$$

$$I_2 = \frac{\begin{vmatrix} 1 & 0 & 1 \\ 8 & 6 & 0 \\ 0 & 6 & -8 \end{vmatrix}}{|D|} = \frac{0}{96} = 0 \text{(A)}$$

$$I_3 = \frac{\begin{vmatrix} 1 & 1 & 0 \\ 8 & -2 & 6 \\ 0 & 2 & 6 \end{vmatrix}}{|D|} = \frac{-72}{96} = -0.75 \text{(A)}$$

―――――― 章末問題② ――――――

1. 図 2·6 のホイートストンブリッジ回路において，可変抵抗（抵抗値を変えることのできる抵抗）R_3 を調整して 60〔Ω〕にしたとき，スイッチ S を閉じても検流計 G に電流が流れなくなった。未知抵抗 R_4 はいくらか。

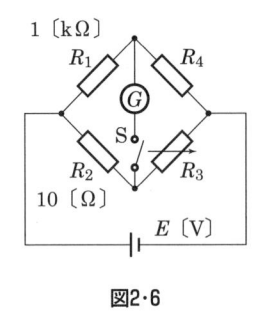

図2·6

《p.30「例題 2.3　ホイートストンブリッジによる抵抗の測定」参照》

2. 次の回路網に流れる電流 I_1, I_2, I_3 の値を求めなさい。

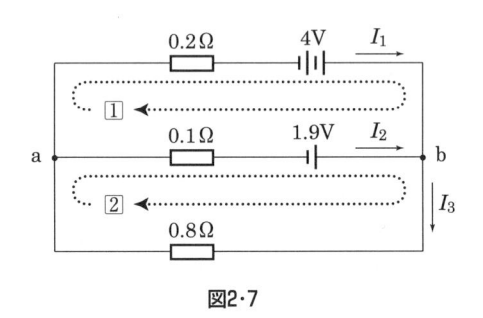

図2·7

《p.34「例題 2.5　キルヒホッフの法則」参照》

3. 1〔kΩ〕の抵抗に15秒間，電流を流し続けたところ，60 000〔J〕の熱量が発生した。このとき抵抗に流した電流はいくらか。

《p.39「例題2.7　ジュールの法則」参照》

4. 2.の問題でたてた連立方程式をクラーメルの公式を利用して解きなさい。

《p.45「例題2.11」参照》

第3章 三角関数と交流回路

本章では三角関数を扱うときの角度の取り扱い（弧度法），三角関数の諸定理を理解し，さらに電気工学分野での交流回路の解析における三角関数の利用の方法を学習していく。

3.1 三角関数

(1) 三平方の定理

図3・1の直角三角形において，辺の長さを求める場合，**三平方の定理**を用いて解くことができる。三平方の定理とは，「斜辺の2乗は，他の2辺の2乗の和に等しい」というものである。

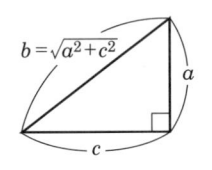

図3・1 三平方の定理

《3-1》三平方の定理

$$b^2 = a^2 + c^2$$
$$b = \sqrt{a^2 + c^2}$$

(2) 三角比（鋭角の場合）

図 3·2 の直角三角形において，次のような対辺 a，斜辺 b，底辺 c の 3 辺の長さの比のことを角度 θ における**三角比**といい，**正弦**（**サイン**），**余弦**（**コサイン**），**正接**（**タンジェント**）と呼び次のように表す。

《3-2》三角比

$$\sin\theta(\text{サイン・シータ}) = \frac{\text{対辺}}{\text{斜辺}} = \frac{a}{b}$$

$$\cos\theta(\text{コサイ・ンシータ}) = \frac{\text{底辺}}{\text{斜辺}} = \frac{c}{b}$$

$$\tan\theta(\text{タンジェント・シータ}) = \frac{\text{対辺}}{\text{底辺}} = \frac{a}{c}$$

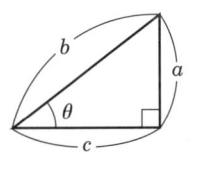

図3·2　三角比

それぞれの三角比の値は直角三角形の角度 θ の大きさで決まり，相似な三角形においては，その値も等しくなる。

例題 3.1　次の直角三角形の $\sin\theta$，$\cos\theta$，$\tan\theta$ を求めなさい。

(1)　　　　　　　　(2)

図3·3　　　　　　　図3·4

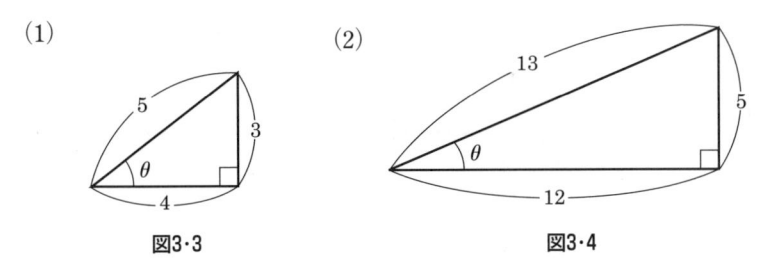

解答

三角比の表し方から，

(1) $\sin\theta = \dfrac{\text{対辺}}{\text{斜辺}} = \dfrac{3}{5}$　　(2) $\sin\theta = \dfrac{\text{対辺}}{\text{斜辺}} = \dfrac{5}{13}$

　　$\cos\theta = \dfrac{\text{底辺}}{\text{斜辺}} = \dfrac{4}{5}$　　　　$\cos\theta = \dfrac{\text{底辺}}{\text{斜辺}} = \dfrac{12}{13}$

　　$\tan\theta = \dfrac{\text{対辺}}{\text{底辺}} = \dfrac{3}{4}$　　　　$\tan\theta = \dfrac{\text{対辺}}{\text{底辺}} = \dfrac{5}{12}$

例題 3.2　次の直角三角形の sin 60°, cos 60°, tan 60° を求めなさい。

解答

三角比の表し方から，

$$\sin 60° = \frac{対辺}{斜辺} = \frac{\sqrt{3}}{2}$$

$$\cos 60° = \frac{底辺}{斜辺} = \frac{1}{2}$$

$$\tan 60° = \frac{対辺}{底辺} = \frac{\sqrt{3}}{1} = \sqrt{3}$$

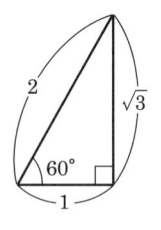

図3・5

直角三角形において，直角以外の角度が 60°，30°の時の3辺の比の値（底辺：斜辺：対辺）は $1:2:\sqrt{3}$，直角二等辺三角形の時の3辺の比の値（底辺：斜辺：対辺）は $1:1:\sqrt{2}$ となっている。覚えておくと便利である。

問 3-1　次の直角三角形の sin θ, cos θ, tan θ を求めなさい。

(1)　　　　　　　　　　(2)

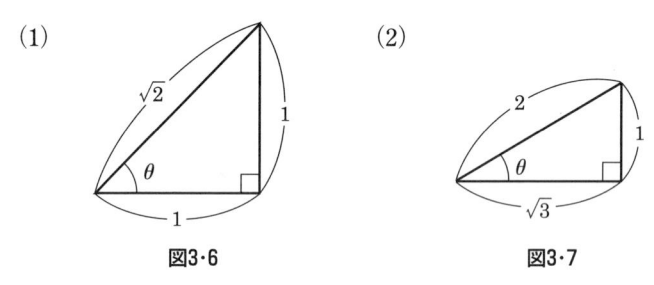

図3・6　　　　　　　　図3・7

(3)　三角関数

三角比は角度 θ の値によって定まる。このとき，角度 θ の関数と考えることができることから**三角関数**と呼ぶ。以下に三角関数のグラフを示す。

(a) $y = \sin\theta$ のグラフ

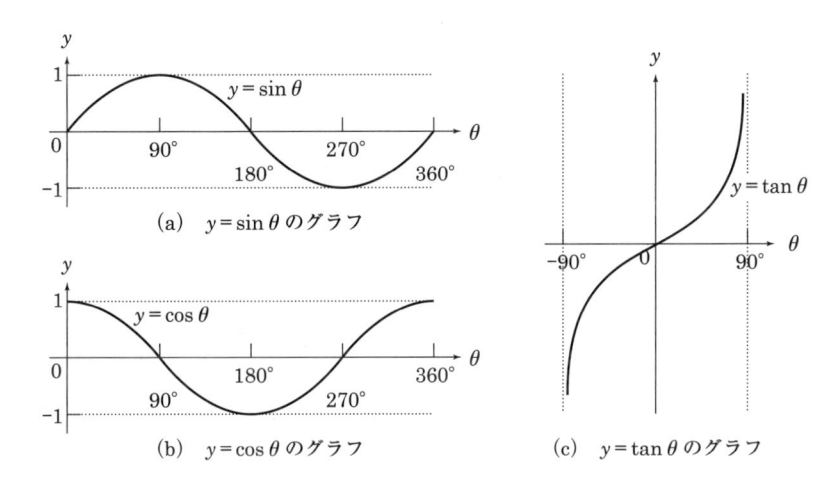

(b) $y = \cos\theta$ のグラフ

(c) $y = \tan\theta$ のグラフ

図3・8　三角関数のグラフ

例題 3.3　次の正弦波交流の瞬時式から，最大値と実効値を求めなさい。
$$e = 100\sin(\omega t + \theta)\,[\text{V}]$$

〈正弦波交流の瞬時式〉

正弦波交流の瞬時式の構造は，次のようになっている。
$$e = \text{最大値}\ \sin(\omega t + \theta)\,[\text{V}]$$

解答

$(\omega t + \theta)$ に関しては「3.2 角周波数と位相」で解説をする。いまは全体で角度を表していると考えることにする。

したがって，与えられた瞬時式の最大値は，$100\,[\text{V}]$ となり，実効値は，$100/\sqrt{2} \fallingdotseq 70.7\,[\text{V}]$ となる。

実効値と最大値の公式は p.20 の例題 1.19 参照。

問 3-2　次の正弦波交流の瞬時式から，最大値と実効値を求めなさい。
(1)　$i = 120\sin(\omega t + \theta)\,[\text{A}]$
(2)　$e = 70.7\sin(\omega t + \theta)\,[\text{V}]$

(4) 弧度法

角度の単位には，**60分法**と**弧度法**がある。60分法は度〔°〕を用いるのに対して，弧度法では**ラジアン**〔rad〕を使用する。電気工学では角度の単位はラジアンを利用することが多く，ここでは，60分法の角度の単位である度〔°〕を弧度法の単位であるラジアン〔rad〕に変換する方法を示す。弧度法では，1周360〔°〕を 2π〔rad〕として表すので，次の式に当てはめることで簡単に角度の変換ができる。なお，今後は角度の単位に度〔°〕がついていないときは，ラジアン〔rad〕を示すものとする。

> 《3-3》弧度法
> - θ〔°〕を x〔rad〕に変換するとき，
> $$x = \frac{\theta°}{360°} \times 2\pi \text{〔rad〕}$$
> - x〔rad〕を θ〔°〕に変換するとき，
> $$\theta = \frac{x}{2\pi} \times 360 \text{〔°〕}$$

例題 3.4 次の角度をラジアン〔rad〕に変換しなさい。

(1) 60°　　(2) 180°　　(3) 45°　　(4) 120°

解答 ……………………………………………………………………

変換式を利用すると，

(1) $x = \dfrac{60°}{360°} \times 2\pi = \dfrac{\pi}{3}$〔rad〕　　(2) $x = \dfrac{180°}{360°} \times 2\pi = \pi$〔rad〕

(3) $x = \dfrac{45°}{360°} \times 2\pi = \dfrac{\pi}{4}$〔rad〕　　(4) $x = \dfrac{120°}{360°} \times 2\pi = \dfrac{2}{3}\pi$〔rad〕

問 3-3 次の角度をラジアンに変換しなさい。

(1) 30°　　(2) 150°　　(3) 90°　　(4) 270°

問 3-4 次の三角関数の値を求めなさい。

(1) $y = \sin \dfrac{\pi}{2}$　　(2) $y = \cos \dfrac{\pi}{4}$　　(3) $y = \tan \dfrac{\pi}{6}$　　(4) $y = \cos \dfrac{\pi}{3}$

3.2 角周波数と位相

(1) 角周波数

「3.1 三角関数」の節においてふれた正弦波交流の瞬時式について，ここでもう少し詳しく触れておく。正弦波交流の瞬時式は，

$$e = 最大値\ \sin(\omega t + \theta)\ [V]$$

という形で表すことができた。ここで，瞬時式に含まれる ω を**角周波数**（または**角速度**）という。角周波数とは 1 秒間に変化する角度を表し，単位はラジアン毎秒 [rad/s] を用いる。

《3-4》角周波数

$$\omega = 2\pi f\ [\text{rad/s}] \quad (f は交流の周波数を表す。)$$

例題 3.5 次の正弦波交流の周波数，最大値を求めなさい。

$$e = 25 \sin 376.8t\ [V]$$

解答

正弦波交流の瞬時式の構造は次のようになっているので，

$e = 最大値\ \sin(\omega t + \theta)$

最大値は，25 [V]

周波数は，$\omega t = 376.8t$

$$2\pi ft = 376.8t$$

$$\therefore f = \frac{376.8t}{2\pi t} \fallingdotseq 60\ [\text{Hz}]$$

問 3-5 次の正弦波交流の実効値と周波数を求めなさい。

(1) $i = 100 \sin 314.2t\ [A]$ (2) $i = 70.1 \sin 240\pi t\ [A]$

(2) 位相

正弦波交流の瞬時式における $(\omega t + \theta)$ を，その正弦波交流の時刻 t における

位相（または位相角）といい，$t=0$ における位相を初位相（または，初位相角）という。

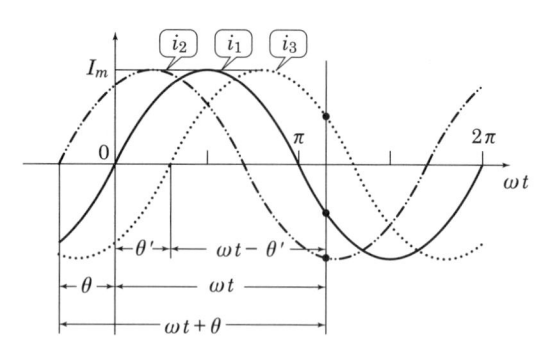

図3・9 波形と位相差

したがって，図3・9において，

$i_1 = I_m \sin \omega t$ の位相は ωt，初位相は 0

$i_2 = I_m \sin(\omega t + \theta)$ の位相は $(\omega t + \theta)$，初位相は θ

$i_3 = I_m \sin(\omega t - \theta')$ の位相は $(\omega t - \theta')$，初位相は $-\theta'$

ということになる。

特に，i_1 と i_2 を比べたとき，i_2 は i_1 より位相が θ **進んでいる**といい，i_1 と i_3 を比べたとき i_3 は i_1 より位相が θ' **遅れている**という。すなわち，**初位相が正のときは位相が進んでいるといい，負のときは遅れている**という。

もし，3つの正弦波交流の位相が一致しているときは，3つの正弦波交流は**同相**であるといい，位相が一致していないときは，**位相差**がある（生じている）という。

例題 3.6 次の正弦波交流の位相と初位相を答えなさい。

$$e = 100 \sin\left(\omega t + \frac{\pi}{2}\right) \text{[V]}$$

解答

正弦波交流の瞬時式の構造より，

位相は $\left(\omega t + \dfrac{\pi}{2}\right)$ 　　初位相は $\dfrac{\pi}{2}$

問 3-6　次の2つの正弦波交流の位相と初位相を求めなさい。また，2つの正弦波交流に位相差$(\theta_1 - \theta_2)$を求めなさい。

$$e_1 = 25 \sin\left(\omega t + \dfrac{\pi}{2}\right) \text{[V]} \qquad e_2 = 40 \sin \omega t \text{[V]}$$

3.3　三角関数の性質

(1)　三角比（鈍角の場合）

「3.1 三角関数」では鋭角の場合の三角比を扱った。ここでは，鈍角の場合にどのように表すことができるかを**単位円**（半径が1である円）により考えていくことにする。

単位円おいて角 θ（以下∠θ）となるように点 P(a, b) を取ると，

$\sin \theta = b$

$\cos \theta = a$

となる。

次に，点 P に y 軸と対称な点 P′(a', b') として，x 軸となす角を Φ とすると，$\Phi = 180° - \theta$ となるので，

$\sin \Phi = \sin(180° - \theta) = b'$

$\cos \Phi = \cos(180° - \theta) = a'$

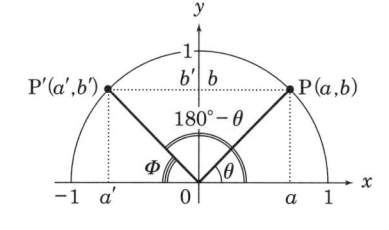

図3·10　単位円

ここで $a' = -a$，$b' = b$ であるので，次のことが成り立つ。

《3-5》三角比（鈍角の場合）

$\sin(180° - \theta) = \sin \theta$

$\cos(180° - \theta) = -\cos \theta$

$\tan(180° - \theta) = -\tan \theta$

例題 3.7　次の値を求めなさい。

(1) sin 150°　(2) cos 120°　(3) tan 135°　(4) sin 120°

解答 ··

鈍角の三角比の性質を利用して，

(1) $\sin 150° = \sin(180°-30°) = \sin 30° = \dfrac{1}{2}$

(2) $\cos 120° = \cos(180°-60°) = -\cos 60° = -\dfrac{1}{2}$

(3) $\tan 135° = \tan(180°-45°) = -\tan 45° = -1$

(4) $\sin 120° = \sin(180°-60°) = \sin 60° = \dfrac{\sqrt{3}}{2}$

問 3-7　次の値を求めなさい。

(1) sin 135°　(2) tan 120°　(3) cos 180°　(4) cos 150°

(2)　三角関数の平方の性質

図 3・11 の単位円において，

$$\sin \theta = b$$
$$\cos \theta = a$$

となる。このとき，三平方の定理より

$$1 = a^2 + b^2$$

という関係が成り立つので，

$$\sin^2 \theta + \cos^2 \theta = 1$$

という性質がある。

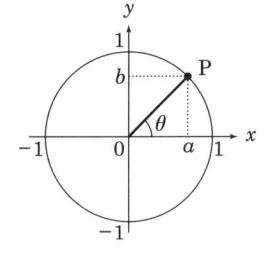

図3・11　単位円

また，$\tan \theta = \dfrac{b}{a}$ なので，次の性質も成り立つ。

$$\tan \theta = \dfrac{\sin \theta}{\cos \theta}$$

例題 3.8　実効値が100〔V〕，20〔A〕の正弦波交流の消費電力と無効電力，皮相電力を求めなさい。ただし，力率（cos θ）は0.8とする。

〈力率と無効率の関係〉────────────────

交流電力の各種電力を求める公式

消費電力 $P = VI\cos\theta$〔W〕　　ただし，力率 $= \cos\theta$

無効電力 $Q = VI\sin\theta$〔var〕　　ただし，無効率 $= \sin\theta$

皮相電力 $S = VI = \sqrt{P^2 + Q^2}$〔VA〕

解答 ··

消費電力は，

$$P = VI\cos\theta = 100 \times 20 \times 0.8 = 1\,600\text{〔W〕}$$

無効電力を求めるには無効率（sin θ）が必要なので，三角関数の平方の性質を利用して，

$$\sin\theta = \sqrt{1 - \cos^2\theta} = \sqrt{1 - 0.8^2} = \sqrt{1 - 0.64} = \sqrt{0.36} = 0.6$$

無効電力は，

$$Q = VI\sin\theta = 100 \times 20 \times 0.6 = 1\,200\text{〔var〕}$$

皮相電力は，

$$S = VI = 100 \times 20 = 2\,000\text{〔VA〕}$$

または，$S = \sqrt{P^2 + Q^2} = \sqrt{1\,600^2 + 1\,200^2} = 2\,000$〔VA〕

問 3-8　実効値が150〔V〕，3〔A〕の正弦波交流の消費電力と無効電力，皮相電力を求めなさい。ただし，力率（cos θ）は0.75とする。

(3) その他の性質

三角関数には次のような性質もある。

《3-6》三角関数の性質

$\sin(-\theta) = -\sin\theta$

$\cos(-\theta) = \cos\theta$

$\tan(-\theta) = -\tan\theta$

$$\sin\left(\frac{\pi}{2}-\theta\right)=\cos\theta \qquad \left(\frac{\pi}{2}\text{はラジアン。}\frac{\pi}{2}\text{(rad)}=90°\right)$$

$$\cos\left(\frac{\pi}{2}-\theta\right)=\sin\theta$$

$$\tan\left(\frac{\pi}{2}-\theta\right)=\frac{1}{\tan\theta}$$

$$\sin\left(\theta+\frac{\pi}{2}\right)=\cos\theta$$

$$\cos\left(\theta+\frac{\pi}{2}\right)=-\sin\theta$$

$$\tan\left(\theta+\frac{\pi}{2}\right)=-\frac{1}{\tan\theta}$$

3.4 三角関数の諸定理

(1) 加法定理

加法定理とは，三角関数を展開するときに用いる定理である。電気工学では頻繁に利用するものではないが，倍角の公式，半角の公式，積を和（または，和を積に）にする公式を導き出すときに大変重要となるので，ここでしっかりと学習しておく。

次のような三角関数を展開する場合を考える。

$$\sin(\alpha+\beta)$$

整式における分配法則 $A(B+C)=AB+AC$ を用いて計算すると，

$$\sin(\alpha+\beta)=\sin\alpha+\sin\beta$$

となるが，実際には $\sin\alpha$ は $\sin$ と α また $\sin$ と β は積の関係で結ばれていないため，整式における分配法則では計算できない。したがって，$\sin(\alpha\pm\beta)$ は次のように計算する。同様に $\cos(\alpha\pm\beta)$，$\tan(\alpha\pm\beta)$ も次のようになる。

《3-7》加法定理

$$\sin(\alpha\pm\beta)=\sin\alpha\cos\beta\pm\cos\alpha\sin\beta \quad \text{（複合同順）}$$

$$\cos(\alpha\pm\beta)=\cos\alpha\cos\beta\mp\sin\alpha\sin\beta \quad \text{（複合同順）}$$

$$\tan(\alpha\pm\beta)=\frac{\tan\alpha\pm\tan\beta}{1\mp\tan\alpha\tan\beta} \quad \text{（複合同順）}$$

(2) 加法定理の証明

図 3・12 において，∠DOC = α，∠AOD = β，DE = BC，EB = CD である。

$$\sin(\alpha+\beta) = \frac{AB}{OA} = \frac{AE+BE}{OA} = \frac{AE+CD}{OA}$$
$$= \frac{AE}{AD} \cdot \frac{AD}{OA} + \frac{CD}{OD} \cdot \frac{OD}{OA}$$
$$= \cos\alpha \sin\beta + \sin\alpha \cos\beta$$
$$= \sin\alpha \cos\beta + \cos\alpha \sin\beta$$

$$\cos(\alpha+\beta) = \frac{OB}{OA} = \frac{OC-BC}{OA} = \frac{OC-DE}{OA} = \frac{OC}{OD} \cdot \frac{OD}{OA} - \frac{DE}{AD} \cdot \frac{AD}{OA}$$
$$= \cos\alpha \cos\beta - \sin\alpha \sin\beta$$

$$\tan(\alpha+\beta) = \frac{\sin(\alpha+\beta)}{\cos(\alpha+\beta)} = \frac{\sin\alpha \cos\beta + \cos\alpha \sin\beta}{\cos\alpha \cos\beta - \sin\alpha \sin\beta}$$
$$= \frac{\dfrac{\sin\alpha \cos\beta}{\cos\alpha \cos\beta} + \dfrac{\cos\alpha \sin\beta}{\cos\alpha \cos\beta}}{\dfrac{\cos\alpha \cos\beta}{\cos\alpha \cos\beta} - \dfrac{\sin\alpha \sin\beta}{\cos\alpha \cos\beta}} = \frac{\tan\alpha + \tan\beta}{1 - \tan\alpha \tan\beta}$$

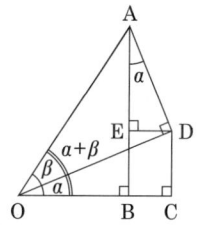

図3・12　加法定理の証明

例題 3.9　次の加法定理を展開しなさい。ただし，$\sin(-\beta) = -\sin\beta$，$\cos(-\beta) = \cos\beta$ である。

$$\sin(\alpha-\beta)$$

解答

与式を次のように考えて加法定理で展開する。

$$\sin\{\alpha + (-\beta)\} = \sin\alpha \cos(-\beta) + \cos\alpha \sin(-\beta)$$
$$= \sin\alpha \cos\beta - \cos\alpha \sin\beta$$

問 3-9　次の加法定理を展開しなさい。ただし，$\sin(-\beta) = -\sin\beta$，$\cos(-\beta) = \cos\beta$ である。

(1) $\cos(\alpha-\beta)$　　(2) $\tan(\alpha-\beta)$

3.4　三角関数の諸定理

例題 3.10　次の三角関数の値を求めなさい。ただし，$105° = 45° + 60°$ として加法定理を用いること。

(1) $\sin 105°$　　(2) $\cos 105°$　　(3) $\tan 105°$

解答　‥‥

加法定理を用いると，

(1) $\sin(45° + 60°) = \sin 45° \cos 60° + \cos 45° \sin 60° = \dfrac{1}{\sqrt{2}} \cdot \dfrac{1}{2} + \dfrac{1}{\sqrt{2}} \cdot \dfrac{\sqrt{3}}{2}$

$= \dfrac{\sqrt{2}}{2} \cdot \dfrac{1}{2} + \dfrac{\sqrt{2}}{2} \cdot \dfrac{\sqrt{3}}{2} = \dfrac{\sqrt{2}}{4} + \dfrac{\sqrt{6}}{4} = \dfrac{\sqrt{2} + \sqrt{6}}{4}$　　$(\fallingdotseq 0.966)$

(2) $\cos(45° + 60°) = \cos 45° \cos 60° - \sin 45° \sin 60° = \dfrac{1}{\sqrt{2}} \cdot \dfrac{1}{2} - \dfrac{1}{\sqrt{2}} \cdot \dfrac{\sqrt{3}}{2}$

$= \dfrac{\sqrt{2}}{2} \cdot \dfrac{1}{2} - \dfrac{\sqrt{2}}{2} \cdot \dfrac{\sqrt{3}}{2} = \dfrac{\sqrt{2}}{4} - \dfrac{\sqrt{6}}{4} = \dfrac{\sqrt{2} - \sqrt{6}}{4}$　　$(\fallingdotseq -0.259)$

(3) $\tan(45° + 60°) = \dfrac{\sin(\alpha + \beta)}{\cos(\alpha + \beta)} = \dfrac{\sqrt{2} + \sqrt{6}}{\sqrt{2} - \sqrt{6}} = \dfrac{0.966}{-0.259} \fallingdotseq -3.730$

(1)，(2) の解答を利用する。

問 3-10　次の三角関数の値を求めなさい。ただし，$75° = 30° + 45°$ として加法定理を用いること。

(1) $\sin 75°$　　(2) $\cos 75°$　　(3) $\tan 75°$

(3) 正弦定理

　図 3·13 に示す △ABC において，頂点 C から辺 AB に垂線をおろし辺 AB との交点を C′ とする。

　ただし，∠A > 90° の場合は垂線を AB の延長線上に下ろすこととする。

　このとき，垂線 CC′ = $b \sin A$ および CC′ = $a \sin B$ が成り立つので，

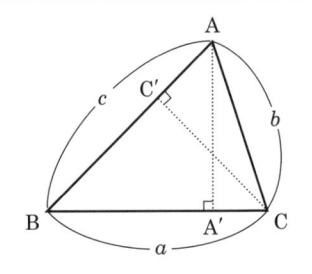

図3·13　正弦定理

$$b \sin A = a \sin B$$

$$\frac{a}{\sin A} = \frac{b}{\sin B}$$

となる。同様に，頂点 A から辺 BC に垂線を下ろし，辺 BC との交点を A′ とする。このとき，垂線 $AA' = c \sin B$ および $AA' = b \sin C$ が成り立つので，

$$c \sin B = b \sin C$$

$$\frac{b}{\sin B} = \frac{c}{\sin C}$$

となる。したがって，次のような式が導き出される。この関係式を**正弦定理**と呼ぶ。

《3-8》 正弦定理

$$\frac{a}{\sin A} = \frac{b}{\sin B} = \frac{c}{\sin C}$$

(4) 余弦定理

図 3・14 に示す △ABC において，頂点 A を原点とし，辺 AB を x 軸上にとった座標を考える。頂点 B，C は図中に示した座標をとる。

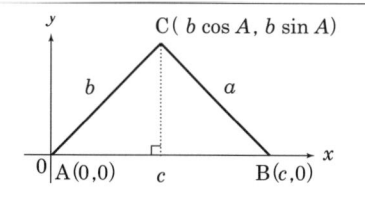

図3・14 余弦定理

このとき，辺 a の長さを三平方の定理を用いて求めてみる。

$$a^2 = (b \sin A)^2 + (c - b \cos A)^2 = b^2 \sin^2 A + c^2 - 2bc \cos A + b^2 \cos^2 A$$
$$= b^2(\sin^2 A + \cos^2 A) + c^2 - 2bc \cos A = b^2 + c^2 - 2bc \cos A$$

（ただし，$\sin^2 A + \cos^2 A = 1$）

辺 b および辺 c の長さについても同様に求めることができ，3 つの式をまとめると次のようになる。この関係式を**余弦定理**と呼ぶ

《3-9》 余弦定理

$$a^2 = b^2 + c^2 - 2bc \cos A$$
$$b^2 = a^2 + c^2 - 2ac \cos B$$
$$c^2 = a^2 + b^2 - 2ab \cos C$$

例題 3.11 図 3·15 の三角形において，∠B の大きさと辺 b の長さを求めなさい。ただし，$\sin 70° = 0.940$ として計算すること。

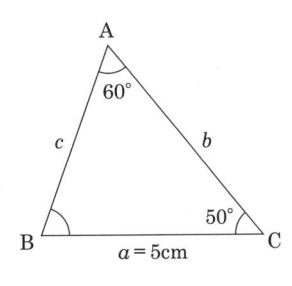

図3·15

解答

三角形の内角の和は $180°$ であるから，$\angle B = 180° - (50° + 60°) = 70°$
辺 b の長さは，正弦定理より，

$$\frac{b}{\sin B} = \frac{a}{\sin A}$$

$$b = \frac{a}{\sin A} \times \sin B = \frac{5}{\sin 60°} \times \sin 70° = 5 \times \frac{2}{\sqrt{3}} \times 0.940 ≒ 5.43 \text{[cm]}$$

問 3-11 例題 3.11 の図において，辺 c の長さを求めなさい。ただし，$\sin 50° = 0.766$ とする。

例題 3.12 図 3·16 の三角形において，辺 a の長さを求めなさい。

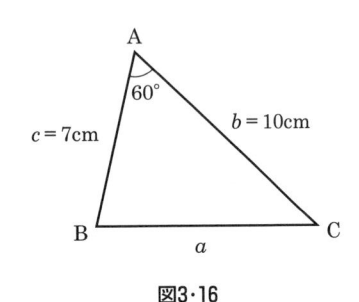

図3·16

解答

余弦定理より，

第 3 章 三角関数と交流回路

$$a^2 = b^2 + c^2 - 2bc \cos A = 10^2 + 7^2 - 2 \times 10 \times 7 \times \cos 60°$$
$$= 149 - 140 \times \frac{1}{2} = 149 - 70 = 79$$
$$\therefore a = \sqrt{79} \fallingdotseq 8.888 \text{[cm]}$$

問 3-12 図3・17の三角形において，辺 b の長さを求めなさい。

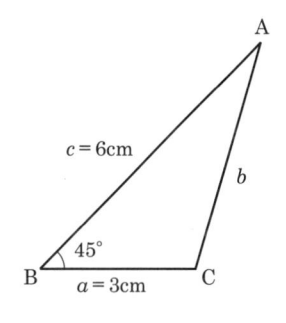

図3・17

3.5 三角関数の諸公式

本節では「3.4 三角関数の諸定理」で学習した，加法定理を利用して倍角の公式，半角の公式，積和公式および和積公式を導く。

(1) 倍角の公式

倍角の公式は加法定理における角度 $β$ を $α$ に置き換えて展開することで導くことができる。

$$\sin 2α = \sin(α+α) = \sin α \cos α + \cos α \sin α = 2\sin α \cos α$$
$$\cos 2α = \cos(α+α) = \cos α \cos α - \sin α \sin α = \cos^2 α - \sin^2 α$$
$$= 2\cos^2 α - 1 = 1 - 2\sin^2 α$$

($\sin^2 α + \cos^2 α = 1$ である)

倍角の公式をまとめると，次のようになる。

《3-10》倍角の公式

$$\sin 2α = 2 \sin α \cos α$$
$$\cos 2α = \cos^2 α - \sin^2 α$$

(2) 半角の公式

半角の公式は，倍角の公式の α を $\dfrac{\alpha}{2}$ に置き換えて，式を整理すると導き出せる。まず，$\cos 2\alpha = 1 - 2\sin^2 \alpha$ を次式のように変形する。

$$\sin^2 \alpha = \frac{1 - \cos 2\alpha}{2}$$

ここで，α を $\dfrac{\alpha}{2}$ に置き換えると，次の半角の公式が導かれる。

$$\sin^2 \frac{\alpha}{2} = \frac{1 - \cos \alpha}{2}$$

次に $\cos 2\alpha = 2\cos^2 \alpha - 1$ を次式のように変形する。

$$\cos^2 \alpha = \frac{\cos 2\alpha + 1}{2}$$

ここで，α を $\dfrac{\alpha}{2}$ に置き換えると，次の半角の公式が導かれる。

$$\cos^2 \frac{\alpha}{2} = \frac{\cos \alpha + 1}{2}$$

半角の公式をまとめると，次のようになる。

《3-11》半角の公式

$$\sin^2 \frac{\alpha}{2} = \frac{1 - \cos \alpha}{2}$$

$$\cos^2 \frac{\alpha}{2} = \frac{\cos \alpha + 1}{2}$$

(3) 積和公式

次の2つの式は正弦（sin）における加法定理である。この式を用いて積和公式を導いていく。

$$\sin(\alpha + \beta) = \sin \alpha \cos \beta + \cos \alpha \sin \beta$$
$$\sin(\alpha - \beta) = \sin \alpha \cos \beta - \cos \alpha \sin \beta$$

積和公式とは三角関数の積を和の形式に変換する公式のことである。まず，次の2つの加法定理の式の和を利用して，積和公式を導くと，

$$\sin(\alpha + \beta) + \sin(\alpha - \beta) = 2 \sin \alpha \cos \beta$$
$$\frac{1}{2} \{\sin(\alpha + \beta) + \sin(\alpha - \beta)\} = \sin \alpha \cos \beta$$

となり，次に，2つの加法定理の式の差を利用して積和公式を導くと，
$$\sin(\alpha+\beta)-\sin(\alpha-\beta)=2\cos\alpha\sin\beta$$
$$\frac{1}{2}\{\sin(\alpha+\beta)-\sin(\alpha-\beta)\}=\cos\alpha\sin\beta$$
となる。余弦（cos）における加法定理を用いても同様に，積和公式を導くことができる。
$$\cos\alpha\cos\beta=\frac{1}{2}\{\cos(\alpha+\beta)+\cos(\alpha-\beta)\}$$
$$\sin\alpha\sin\beta=\frac{1}{2}\{\cos(\alpha-\beta)-\cos(\alpha+\beta)\}$$
積和公式をまとめると，次のようになる。

《3-12》積和公式
$$\sin\alpha\cos\beta=\frac{1}{2}\{\sin(\alpha+\beta)+\sin(\alpha-\beta)\}$$
$$\cos\alpha\sin\beta=\frac{1}{2}\{\sin(\alpha+\beta)-\sin(\alpha-\beta)\}$$
$$\cos\alpha\cos\beta=\frac{1}{2}\{\cos(\alpha+\beta)+\cos(\alpha-\beta)\}$$
$$\sin\alpha\sin\beta=\frac{1}{2}\{\cos(\alpha-\beta)-\cos(\alpha+\beta)\}$$

(4) 和積公式

和積公式は積和公式の角度を次のように置き換えることで導き出すことができる。
$$\sin\alpha\cos\beta=\frac{1}{2}\{\sin(\alpha+\beta)+\sin(\alpha-\beta)\}$$
$$\cos\alpha\sin\beta=\frac{1}{2}\{\sin(\alpha+\beta)-\sin(\alpha-\beta)\}$$

2式の$A=\alpha+\beta$，$B=\alpha-\beta$と置いたとき，

$$A+B=2\alpha \ , \quad \alpha=\frac{A+B}{2}$$

$$A-B=2\beta \ , \quad \beta=\frac{A-B}{2}$$

であるから，

$$2\sin\left(\frac{A+B}{2}\right)\cos\left(\frac{A-B}{2}\right)=\sin A+\sin B$$

$$2\cos\left(\frac{A+B}{2}\right)\sin\left(\frac{A-B}{2}\right)=\sin A-\sin B$$

となり，和積公式を導き出すことができる。

$$\cos\alpha\cos\beta=\frac{1}{2}\{\cos(\alpha+\beta)+\cos(\alpha-\beta)\}$$

$$\sin\alpha\sin\beta=\frac{1}{2}\{\cos(\alpha-\beta)-\cos(\alpha+\beta)\}$$

も同様にして，

$$2\cos\left(\frac{A+B}{2}\right)\cos\left(\frac{A-B}{2}\right)=\cos A+\cos B$$

$$2\sin\left(\frac{A+B}{2}\right)\sin\left(\frac{A-B}{2}\right)=\cos B-\cos A$$

となる。和積公式をまとめると，次のようになる。

《3-13》和積公式

$$\sin A+\sin B=2\sin\left(\frac{A+B}{2}\right)\cos\left(\frac{A-B}{2}\right)$$

$$\sin A-\sin B=2\cos\left(\frac{A+B}{2}\right)\sin\left(\frac{A-B}{2}\right)$$

$$\cos A+\cos B=2\cos\left(\frac{A+B}{2}\right)\cos\left(\frac{A-B}{2}\right)$$

$$\cos B-\cos A=2\sin\left(\frac{A+B}{2}\right)\sin\left(\frac{A-B}{2}\right)$$

$$\left[\cos A-\cos B=-2\sin\left(\frac{A+B}{2}\right)\sin\left(\frac{A-B}{2}\right)\right]$$

例題 3.13 $\cos\theta = 0.8$ $(0° \leq \theta \leq 90°)$ のとき，次の値を求めなさい。

(1) $\sin^2\dfrac{\theta}{2}$ (2) $\cos 2\theta$

解答

まず，$\sin^2\theta + \cos^2\theta = 1$ より $\sin\theta$ を求める。
$$\sin\theta = \sqrt{1-\cos^2\theta} = \sqrt{1-0.8^2} = \sqrt{1-0.64} = \sqrt{0.36} = 0.6$$

(1) 半角の公式より，
$$\sin^2\dfrac{\theta}{2} = \dfrac{1-\cos\theta}{2} = \dfrac{1-0.8}{2} = 0.1$$

(2) 倍角の公式より，
$$\cos 2\theta = \cos^2\theta - \sin^2\theta = 0.8^2 - 0.6^2 = 0.28$$

問 3-13 $\sin\theta = 0.8$ $(0° \leq \theta \leq 90°)$ のとき，次の値を求めなさい。

(1) $\cos^2\dfrac{\theta}{2}$ (2) $\sin 2\theta$

例題 3.14 次の三角関数の式を積の形式は和の形式に，和の形式は積の形式に変換しなさい。

(1) $\cos 6\theta \sin 2\theta$ (2) $\sin\theta - \sin 3\theta$

解答

(1) 与式は積の形式であるから，積和公式を用いて和の形式に変換すると，
$$\cos 6\theta \sin 2\theta = \dfrac{1}{2}\{\sin(6\theta + 2\theta) - \sin(6\theta - 2\theta)\}$$
$$= \dfrac{1}{2}(\sin 8\theta - \sin 4\theta)$$

(2) 与式は和の形式であるから，和積公式を用いて積の形式に変換すると，
$$\sin\theta - \sin 3\theta = 2\cos\dfrac{\theta + 3\theta}{2}\sin\dfrac{\theta - 3\theta}{2} = -2\cos 2\theta \sin\theta$$

3.5 三角関数の諸公式

問 3-14 次の三角関数の式を積の形式は和の形式に，和の形式は積の形式に変換しなさい。

(1) $\cos 3\theta \cos 4\theta$ 　　　(2) $\cos 2\theta - \cos 4\theta$

3.6　逆三角関数

　前節までは $x = \sin \theta$ というように，角度 θ における三角関数の値がどうなるかに主眼が置かれていた。本節では，三角関数の値 x から角度 θ を求める関数を学習していく。

(1) 逆三角関数

　図 3·18 に示す，$\sin \theta$ のグラフにおいて，$\sin \dfrac{\pi}{6}$ の値は 0.5 と求める事ができる。一方，$\sin \theta = 0.5$ を満たす角度 θ を求めると，$\dfrac{\pi}{6}, \dfrac{5\pi}{6}, \dfrac{13\pi}{6}, \cdots\cdots$ というように多数の角度の値を求める事ができる。このように，$\sin\theta = x$ の x の値によって角度 θ の値を求める，関数を**逆三角関数**と呼び，次のように表す。

《3-14》逆三角関数

$\theta = \sin^{-1} x$ 　または　 $\theta = \arcsin x$ 　（アークサイン x）

$\theta = \cos^{-1} x$ 　または　 $\theta = \arccos x$ 　（アークコサイン x）

$\theta = \tan^{-1} x$ 　または　 $\theta = \arctan x$ 　（アークタンジェント x）

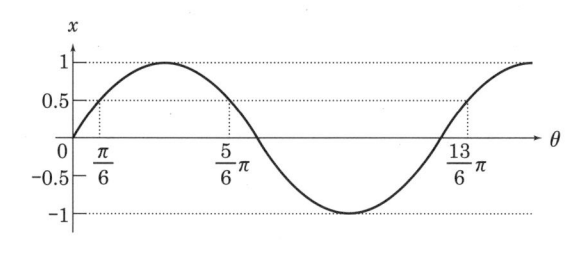

図3·18　逆三角関数

(2) 逆三角関数の利用

逆三角関数は三角関数の値 x から角度 θ の値を求める関数であった。しかし，x の値を満たす角度 θ の値は多数存在し，取り扱いが不便である。そこで逆三角関数を利用するときには，次のような逆三角関数の制限を設けて利用していく。

《3-15》逆三角関数の制限

$$-\frac{\pi}{2} \leqq \sin^{-1} x \leqq \frac{\pi}{2} \quad (-1 \leqq x \leqq 1)$$

$$0 \leqq \cos^{-1} x \leqq \pi \quad (-1 \leqq x \leqq 1)$$

$$-\frac{\pi}{2} \leqq \tan^{-1} x \leqq \frac{\pi}{2} \quad (-\infty < x < \infty)$$

特に断りがない場合は，この制限のもとで逆三角関数を利用していく。

例題 3.15 次の逆三角関数の値を求めなさい。

(1) $\sin^{-1} \dfrac{\sqrt{3}}{2}$ 　　(2) $\cos^{-1} \dfrac{1}{\sqrt{2}}$ 　　(3) $\tan^{-1} \sqrt{3}$

解答

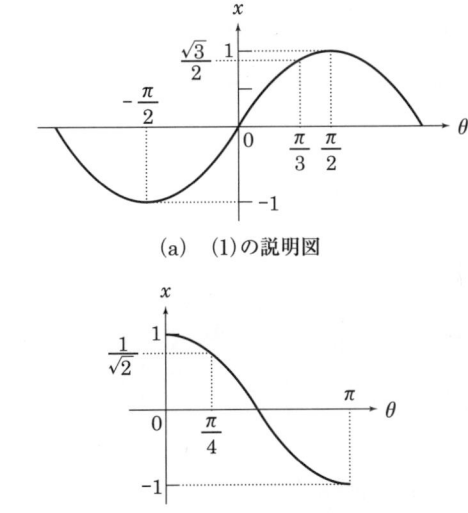

(a) (1)の説明図

(b) (2)の説明図

(c) (3)の説明図

図3・19

(1) 図 3.19 より，

$$-\frac{\pi}{2} \leqq \sin^{-1} x \leqq \frac{\pi}{2} \quad (-1 \leqq x \leqq 1)$$

$$\sin^{-1} \frac{\sqrt{3}}{2} = \frac{\pi}{3} \quad (60°)$$

(2) 図 3.20 より，

$$0 \leqq \cos^{-1} x \leqq \pi \quad (-1 \leqq x \leqq 1)$$

$$\cos^{-2} \frac{1}{\sqrt{2}} = \frac{\pi}{4} \quad (45°)$$

(3) 図 3.21 より，

$$-\frac{\pi}{2} \leqq \tan^{-1} x \leqq \frac{\pi}{2} \quad (-\infty < x < \infty)$$

$$\tan^{-1} \sqrt{3} = \frac{\pi}{3} \quad (60°)$$

問 3-15 次の逆三角関数の値を求めなさい。

(1) $\sin^{-1} 1$ (2) $\cos^{-1} \dfrac{1}{2}$ (3) $\tan^{-1} 1$

―――――――― 章末問題③ ――――――――

1. 次の角度を [　] 内の単位に変換しなさい

(1) $60°$ [rad]   (2) $45°$ [rad]   (3) $\dfrac{\pi}{6}$ [°]   (4) $\dfrac{\pi}{2}$ [°]

2. 次の三角比の値を求めなさい。

(1) $\sin \pi$ (2) $\cos \dfrac{\pi}{2}$ (3) $\tan \dfrac{\pi}{4}$

3. 次の正弦波交流の瞬時式から，最大値と実効値を求めなさい。
(1) $e = 100 \sin(\omega t + \theta)$ 〔V〕　　(2) $i = 55 \sin \omega t$ 〔A〕

《p.51「例題 3.3　正弦波交流の瞬時式」参照》

4. 実効値が 60〔V〕，1.5〔A〕の正弦波交流の消費電力と無効電力，皮相電力を求めなさい。ただし，力率は 0.8 とする。

《p.57「例題 3.8　力率と無効率の関係」参照》

5. 次の三角関数の値を求めなさい。ただし，$90° = 30° + 60°$ として加法定理を用いること。
(1) $\sin 90°$　　(2) $\cos 90°$

6. $\sin\theta = 0.6$ $(0° \leqq \theta \leqq 90°)$ のとき，次の値求めなさい。
(1) $\cos^2 \dfrac{\theta}{2}$　　(2) $\sin 2\theta$

7. 次の三角関数の式を積の形式は和の形式に，和の形式は積の形式に変換しなさい。
(1) $\cos 4\theta \sin 6\theta$　　(2) $\sin 3\theta - \sin 7\theta$

8. 次の逆三角関数の値を求めなさい。
(1) $\sin^{-1} \dfrac{1}{\sqrt{2}}$　　(2) $\cos^{-1} 1$　　(3) $\tan^{-1} \dfrac{1}{\sqrt{3}}$

第4章

複素数と記号法

本章では，虚数の導入から複素数の四則演算，複素平面でのベクトルの扱い方を学習する。さらには，交流回路における記号法での回路解析への利用方法を学習する。

4.1 複素数

(1) 虚数

ある数 x を2乗したとき $(x^2=a)$，a となる数 x を a の平方根ということは，第1章で学習した。

$$x=\pm\sqrt{a}$$

では，次のような数を考えていきたい。

「ある数 x を2乗したときに，-1 となる数 x $(x^2=-1 \rightarrow x=?)$」

このような条件を満足することのできる数を**実数**（分数や小数で表すことのできる数）の範囲で表すことは難しい。そこで，次のような2乗して -1 となるような数である**虚数**（**虚数単位**）を定義する。

《4-1》虚数

$$j=\sqrt{-1}$$
$$j^2=-1$$

一般に数学では虚数（imaginary number）を表すときに i を用いるのである

が，電気工学では電流の記号で i を用いるので，虚数と電流の記号が混同しないように j を利用している。以降，本書でも虚数単位として j を使用していく。

(2) 複素数

実数と虚数の和の形（実数＋虚数）で表される数を，**複素数**という。いま実数を R，虚数を jX としたときの複素数 C は次のように表す。

$$C = R + jX$$

ここで，複素数 C の R を**実部**，jX を**虚部**という。また，電気工学では複素数を表すときには，ドット（・）を用いて，

$$\dot{C} = R + jX$$

と表すことが一般的である。

いま，複素数 $\dot{A} = R_a + jX_a$ と $\dot{B} = R_b + jX_b$ があったとき，この二つの複素数が等しいとは，次のようなときのことをいう。

$$R_a + jX_a = R_b + jX_b \Leftrightarrow R_a = R_b \quad X_a = X_b$$

すなわち，二つの複素数が等しいときは，実部どうしかつ，虚部どうしが等しいときである。

例題 4.1 次の数を虚数単位用いて表しなさい。

(1) $\sqrt{-6}$ (2) $\sqrt{-5}$ (3) $\sqrt{-4}$ (4) $\sqrt{-36}$

解答 ....

虚数単位 j を用いて表すと，

(1) $\sqrt{-6} = \sqrt{-1} \times \sqrt{6} = j\sqrt{6}$

(2) $\sqrt{-5} = \sqrt{-1} \times \sqrt{5} = j\sqrt{5}$

(3) $\sqrt{-4} = \sqrt{-1} \times \sqrt{4} = j2$

(4) $\sqrt{-36} = \sqrt{-1} \times \sqrt{36} = j6$

（虚数単位は「$\sqrt{6}j$」，「$\sqrt{2}j$」のように表記しない）

問 4-1 次の数を虚数単位を用いて表しなさい。

(1) $\sqrt{-7}$ (2) $\sqrt{-16}$ (3) $\sqrt{-121}$ (4) $\sqrt{-9}$

例題 4.2 次の計算をしなさい。

(1) j^3 (2) j^4 (3) $\dfrac{1}{j^2}$ (4) $\dfrac{1}{j^6}$

解答

虚数 j は 2 乗すると -1 になるので，

(1) $j^3 = j^2 \times j = -1 \times j = -j$

(2) $j^4 = j^2 \times j^2 = -1 \times (-1) = 1$

(3) $\dfrac{1}{j^2} = \dfrac{1}{-1} = -1$

(4) $\dfrac{1}{j^6} = \dfrac{1}{j^2} \times \dfrac{1}{j^2} \times \dfrac{1}{j^2} = -1 \times (-1) \times (-1) = -1$

問 4-2 次の計算をしなさい。

(1) j^5 (2) j^8 (3) $\dfrac{1}{j^{10}}$ (4) $\dfrac{1}{j^4}$

4.2 複素数の四則計算

(1) 複素数の加算と減算

複素数 $\dot{A} = R_a + jX_a$ と $\dot{B} = R_b + jX_b$ を加算，減算するときは実部どうし，虚部どうしをそれぞれ加算，減算する。整式の計算を行ったときの同類項を整理するように計算をする。

《4-2》複素数の加算と減算

$\dot{A} + \dot{B} = (R_a + jX_a) + (R_b + jX_b) = (R_a + R_b) + j(X_a + X_b)$

$\dot{A} - \dot{B} = (R_a + jX_a) - (R_b + jX_b) = (R_a - R_b) + j(X_a - X_b)$

(2) 複素数の乗算

複素数 $\dot{A}=R_a+jX_a$ と $\dot{B}=R_b+jX_b$ を掛けるときは，整式の計算を行ったときの展開公式を用いて展開する。ただし，最終的に式を整理するときには $j^2=-1$ であることに注意する。

《4-3》複素数の乗算

$$\dot{A}\times\dot{B}=(R_a+jX_a)(R_b+jX_b)=R_aR_b+jR_aX_b+jR_bX_a+j^2X_aX_b$$
$$=(R_aR_b-X_aX_b)+j(R_aX_b+R_bX_a)$$

(3) 複素数の除算

複素数 $\dot{A}=R_a+jX_a$ を $\dot{B}=R_b+jX_b$ で割るということは，次のような式になる。

$$\frac{\dot{A}}{\dot{B}}=\frac{R_a+jX_a}{R_b+jX_b}$$

この計算を行うときには，分母の複素数の**共役複素数**を分母と分子に掛け算をして計算を行う。共役複素数とは実部と虚部の間の符号を反転させたものである。

例えば，$a+jb$ の共役複素数は $a-jb$ である。

したがって，$\dot{A}=R_a+jX_a$ と $\dot{B}=R_b+jX_b$ の割り算は次のように計算する。

$$\frac{\dot{A}}{\dot{B}}=\frac{R_a+jX_a}{R_b+jX_b}=\frac{(R_a+jX_a)(R_b-jX_b)}{(R_b+jX_b)(R_b-jX_b)}$$
$$=\frac{R_aR_b-jR_aX_b+jR_bX_a-j^2X_aX_b}{R_b^2-jR_bX_b+jR_bX_b-j^2X_b^2}$$
$$=\frac{(R_aR_b+X_aX_b)+j(R_bX_a-R_aX_b)}{R_b^2+X_b^2}$$
$$=\frac{R_aR_b+X_aX_b}{R_b^2+X_b^2}+j\frac{R_bX_a-R_aX_b}{R_b^2+X_b^2}$$

《4-4》複素数の除算

$$\frac{\dot{A}}{\dot{B}}=\frac{R_aR_b+X_aX_b}{R_b^2+X_b^2}+j\frac{R_bX_a-R_aX_b}{R_b^2+X_b^2}$$

例題 4.3　次の複素数において，次の計算をしなさい。

$\dot{A}=4+j5$,　$\dot{B}=3-j2$

(1) $\dot{A}+\dot{B}$　　(2) $\dot{A}-\dot{B}$　　(3) $\dot{A}\times\dot{B}$　　(4) $\dfrac{\dot{A}}{\dot{B}}$

解答

(1) $\dot{A}+\dot{B}=(4+j5)+(3-j2)=(4+3)+j(5-2)=7+j3$

(2) $\dot{A}-\dot{B}=(4+j5)-(3-j2)=(4-3)+j(5+2)=1+j7$

(3) $\dot{A}\times\dot{B}=(4+j5)(3-j2)=12-j8+j15-j^2 10$

$\qquad\qquad =(12+10)+j(15-8)=22+j7$

(4) $\dfrac{\dot{A}}{\dot{B}}=\dfrac{4+j5}{3-j2}=\dfrac{(4+j5)(3+j2)}{(3-j2)(3+j2)}=\dfrac{12+j8+j15-10}{9+4}$

$\qquad =\dfrac{2+j23}{13}=\dfrac{2}{13}+j\dfrac{23}{13}\fallingdotseq 0.154+j1.769$

問 4-3　次の複素数において，次の計算をしなさい。

$\dot{A}=6+j2$,　$\dot{B}=2-j3$

(1) $\dot{A}+\dot{B}$　　(2) $\dot{A}-\dot{B}$　　(3) $\dot{A}\times\dot{B}$　　(4) $\dfrac{\dot{A}}{\dot{B}}$

例題 4.4　$\dot{Z}_1=4+j2$〔Ω〕,　$\dot{Z}_2=3+j$〔Ω〕のインピーダンスを直列に接続したときの合成インピーダンス Z_S と並列に接続したときの合成インピーダンス Z_P を計算しなさい。

〈インピーダンスの直列接続・並列接続〉

インピーダンスとは交流回路における電圧 V と電流 I の比のことをいう。すなわち，交流回路における電流の流しにくさを表す値となっている。

また，例題 4.4 のように複素数を用いてインピーダンスを表すことを**記号法**という。インピーダンスの実部を**抵抗成分**，虚部を**リアクタンス成分**という。

それぞれの合成インピーダンスは次のように計算する。

$$\dot{Z}_S = \dot{Z}_1 + \dot{Z}_2, \quad \dot{Z}_P = \frac{\dot{Z}_1 \dot{Z}_2}{\dot{Z}_1 + \dot{Z}_2}$$

解答 ....

したがって，
$$\dot{Z}_S = \dot{Z}_1 + \dot{Z}_2 = (4+j2) + (3+j) = (4+3) + j(2+1) = 7+j3 \text{[Ω]}$$

$$\dot{Z}_P = \frac{\dot{Z}_1 \dot{Z}_2}{\dot{Z}_1 + \dot{Z}_2} = \frac{(4+j2)(3+j)}{7+j3} = \frac{10+j10}{7+j3} = \frac{(10+j10)(7-j3)}{(7+j3)(7-j3)}$$

$$= \frac{100+j40}{58} = \frac{100}{58} + j\frac{40}{58} \fallingdotseq 1.724 + j0.69$$

問 4-4 $\dot{Z}_1 = 5+j5\text{[Ω]}$，$\dot{Z}_2 = 9+j3\text{[Ω]}$ のインピーダンスを直列に接続したときの合成インピーダンス Z_S と並列に接続したときの合成インピーダンス Z_P を計算しなさい。

4.3 複素平面とベクトル

(1) ベクトル

物理的な量である温度，長さなど，ある単位と大きさ（数値）を用いて表すことのできる量を**スカラー量**という。スカラー量に対し，物体に働く力や，運動している物体の速度は，単位と大きさ（数値）だけでは表すことが難しい。例えば，

「5[m/s]で走っている自動車」

と表したとき，この自動車がどのような場所（方向）に向かっているのかがわからなければ，はっきりとした運動を表すことはできない。したがって，

「5[m/s]で北に向かって走っている自動車」

と表せば，自動車の運動がはっきりと示すことができる。このように，ある単位と大きさ，方向を用いて表す量のことを**ベクトル量**という。

(2) 複素平面

図 4・1 のように，複素数 $\dot{A}=a+jb$ は xy 座標の x 軸を実数を表す**実軸**，y 軸を虚数を表す**虚軸**とした，平面に表すことができる。このような平面を**複素平面**（ガウス平面）という。さらに，複素数 $\dot{A}=a+jb$ は図 4.2 のように原点 O を始点とする**ベクトル**として扱うことができる。

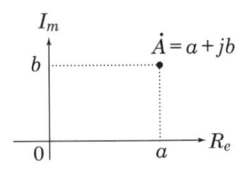

図4・1 複素平面

このとき，ベクトルの**大きさ**（または絶対値 $|\dot{A}|$）を A と表し，ベクトルの向きは実軸からの角度 θ で表す。この角度 θ のことを**偏角**（**位相角**）という。

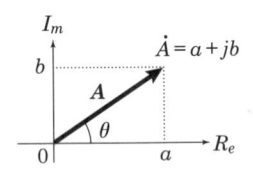

図4・2 複素平面上のベクトル

$\dot{A}=a+jb$ の大きさ A と偏角 θ は次のように求めることができる

《4-5》ベクトルの大きさと偏角

$$A=\sqrt{a^2+b^2}$$

$$\theta=\tan^{-1}\frac{b}{a}$$

例題 4.5 次の複素数の大きさと偏角（位相角）を求めなさい。

(1) $\dot{A}=3+j8$　(2) $\dot{B}=2+j4$　(3) $\dot{C}=2-j4$　(4) $\dot{D}=1-j6$

解答

複素数の大きさと偏角（位相角）を求める式より，

(1) $\dot{A}=3+j8$

　　大きさ　$A=\sqrt{3^2+8^2}\fallingdotseq 8.544$　　偏角　$\theta=\tan^{-1}\dfrac{8}{3}\fallingdotseq 69.44°$

(2) $\dot{B}=2+j4$

　　大きさ　$B=\sqrt{2^2+4^2}\fallingdotseq 4.472$　　偏角　$\theta=\tan^{-1}\dfrac{4}{2}\fallingdotseq 63.44°$

(3) $\dot{C}=2-j4$

　　大きさ　$C=\sqrt{2^2+(-4)^2}\fallingdotseq 4.472$　　偏角　$\theta=\tan^{-1}\left(-\dfrac{4}{2}\right)\fallingdotseq -63.44°$

(4) $\dot{D}=1-j6$

大きさ　$D=\sqrt{1^2+(-6)^2}\fallingdotseq 6.083$　　偏角　$\theta=\tan^{-1}\left(-\dfrac{6}{1}\right)\fallingdotseq 80.54°$

問 4-5　次の複素数の大きさと偏角（位相角）を求めなさい。
(1) $\dot{A}=4+j$　(2) $\dot{B}=2+j2$　(3) $\dot{C}=\sqrt{3}-j$　(4) $\dot{D}=5-j2$

例題 4.6　$\dot{Z}=3+j5$〔Ω〕のインピーダンスをもつ回路に，$\dot{V}=1+j$〔V〕の電圧を加えたとき，回路に流れる電流 $\dot{I}$ はいくらか，また電流の大きさと位相角を求めなさい。

〈オームの法則〉

オームの法則とは，電圧 V，電流 I，抵抗 R の3つの関係を定める法則で次のような式で表される。

$$V=IR$$

直流回路では抵抗 R のままでよいが，交流回路では抵抗 R をインピーダンス Z に置き換えることで，同じようにオームの法則が成り立つ。

解答

したがって

$$\dot{V}=\dot{I}\dot{Z}$$

$$\dot{I}=\dfrac{\dot{V}}{\dot{Z}}=\dfrac{1+j}{3+j5}=\dfrac{(1+j)(3-j5)}{(3+j5)(3-j5)}=\dfrac{8-j2}{9+25}=\dfrac{8}{34}-j\dfrac{2}{34}$$

$$\fallingdotseq 0.235-j0.059 \text{〔A〕}$$

また，電流の大きさと位相角は，

$$I=\sqrt{0.235^2+0.059^2}=0.242\text{〔A〕},\quad \theta=\tan^{-1}\left(-\dfrac{0.059}{0.235}\right)=14.09°$$

問 4-6　$\dot{Z}=3+j5$〔Ω〕のインピーダンスをもつ回路に，$\dot{I}=2+j2$〔A〕の電流が流れた。回路に加えられた電圧 $\dot{V}$ はいくらか，また電圧の大きさと位相角を求めなさい。

4.4 複素数の表示方法

$\dot{A} = a + jb$ という複素数，またはベクトルの表示方法は，図4·3のように複素平面上の直行座標における座標において表示してきた。本節では，複素数の直交座標における表示方法（**直交座標表示**）以外に，**三角関数表示**，**極座標表示**，さらには極座標表示における複素数の乗除算の方法について学習していく。

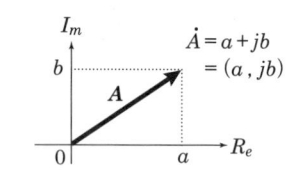

図4·3 複素平面上のベクトル

(1) 三角関数表示

図4·4(a)のように，大きさが A，実軸からの偏角が θ である $\dot{A} = a + jb$ という，ベクトルが複素平面上にある。

このベクトルの大きさと偏角から，ベクトルを実軸の成分，虚軸の成分に分けて考えていくと，次のようになる。

実軸の成分 a は，
$$a = A \cos \theta$$
また，虚軸の成分 b は，
$$b = A \sin \theta$$

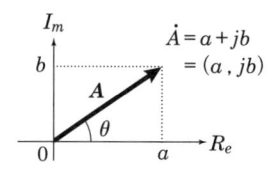

(a) 直交座標表示　　(b) 三角関数表示

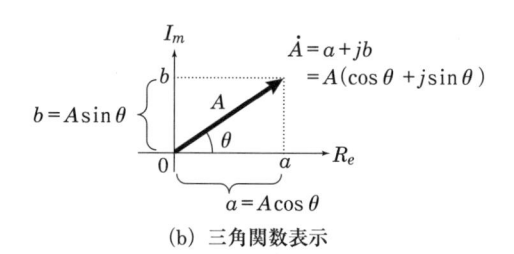

図4·4 複素数の表示

したがって，図4・4(b)のように大きさが A で偏角が θ である，$\dot{A}=a+jb$ という，ベクトルは次のように表示することができる。

$$\dot{A}=a+jb=A\cos\theta+jA\sin\theta=A(\cos\theta+j\sin\theta)$$

$$A=\sqrt{a^2+b^2} \qquad \theta=\tan^{-1}\frac{b}{a}$$

このような，ベクトルの表示方法を**三角関数表示**という。

例題 4.7 次のベクトルを三角関数表示にしなさい。

(1) $\dot{I}=2\sqrt{3}+j2$ (2) $\dot{V}=j$ (3) $\dot{Z}=1-j\sqrt{3}$ (4) $\dot{I}=2-j2\sqrt{3}$

解答

それぞれのベクトルの大きさと偏角を求めてから，三角関数表示の式にあてはめればよい。

(1) 大きさ $I=\sqrt{(2\sqrt{3})^2+2^2}=\sqrt{12+4}=\sqrt{16}=4$

偏角 $\theta=\tan^{-1}\dfrac{2}{2\sqrt{3}}=\dfrac{\pi}{6}$ (=30°)

したがって，

$$\dot{I}=4\left(\cos\frac{\pi}{6}+j\sin\frac{\pi}{6}\right)$$

(2) 大きさ $V=\sqrt{0^2+1^2}=\sqrt{1}=1$

偏角 $\theta=\dfrac{\pi}{2}$ (=90°) (実部が0，虚部が1)

したがって，

$$\dot{V}=1\left(\cos\frac{\pi}{2}+j\sin\frac{\pi}{2}\right)$$

(3) 大きさ $Z=\sqrt{1^2+(-\sqrt{3})^2}=\sqrt{1+3}=\sqrt{4}=2$

偏角 $\theta=\tan^{-1}\dfrac{-\sqrt{3}}{1}=-\dfrac{\pi}{3}$ (=−60°)

したがって，

$$\dot{Z} = 2\left\{\cos\left(-\frac{\pi}{3}\right) + j\sin\left(-\frac{\pi}{3}\right)\right\}$$

(4) 大きさ　$I = \sqrt{2^2 + (-2\sqrt{3})^2} = \sqrt{4+12} = \sqrt{16} = 4$

偏角　$\theta = \tan^{-1}\dfrac{-2\sqrt{3}}{2} = -\dfrac{\pi}{3}$　$(= -60°)$

したがって，

$$\dot{I} = 4\left\{\cos\left(-\frac{\pi}{3}\right) + j\sin\left(-\frac{\pi}{3}\right)\right\}$$

問 4-7　次のベクトルを三角関数表示にしなさい。
(1) $\dot{A} = 4 + j4$　(2) $\dot{B} = \sqrt{3}$　(3) $\dot{C} = \sqrt{3} - j$　(4) $\dot{D} = 5 - j4$

(2) 極座標表示

図 4.5(a) のように，大きさが A，実軸からの偏角が θ である $\dot{A} = a + jb$ という，ベクトルが複素平面上にある。

極座標表示では，大きさと偏角を用いてベクトルを表示する方法である。したがって，図 4.5(b) から $\dot{A} = a + jb$ は次のように表示される。

$$\dot{A} = a + jb = A\varepsilon^{j\theta} = A\angle\theta$$

ただし，

$$A = \sqrt{a^2 + b^2} \qquad \theta = \tan^{-1}\frac{b}{a}$$

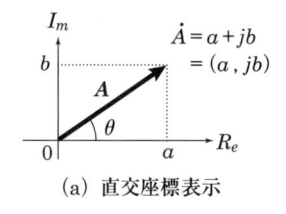

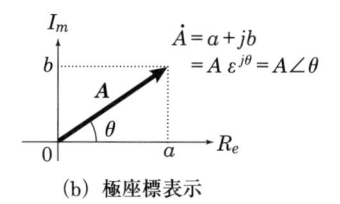

(a) 直交座標表示　　(b) 極座標表示

図4・5　複素数の表示

例題 4.8 次のベクトル（例題 4.7 のベクトル）を極座標表示にしなさい。
(1) $\dot{I}=2\sqrt{3}+j2$ (2) $\dot{V}=j$ (3) $\dot{Z}=1-j\sqrt{3}$ (4) $\dot{I}=2-j2\sqrt{3}$

解答

それぞれのベクトルの大きさと偏角を求めて，極座標表示の式にあてはめればよい。

(1) 大きさ $I=\sqrt{(2\sqrt{3})^2+2^2}=\sqrt{12+4}=\sqrt{16}=4$

偏角 $\theta=\tan^{-1}\dfrac{2}{2\sqrt{3}}=\dfrac{\pi}{6}$ （$=30°$）

したがって，

$$\dot{I}=4\varepsilon^{j\frac{\pi}{6}}=4\angle\dfrac{\pi}{6}$$

(2) 大きさ $V=\sqrt{0^2+1^2}=\sqrt{1}=1$

偏角 $\theta=\dfrac{\pi}{2}$ （$=90°$） （実部が 0，虚部が 1）

したがって，

$$\dot{V}=\varepsilon^{j\frac{\pi}{2}}=1\angle\dfrac{\pi}{2}$$

(3) 大きさ $Z=\sqrt{1^2+(-\sqrt{3})^2}=\sqrt{1+3}=\sqrt{4}=2$

偏角 $\theta=\tan^{-1}\dfrac{-\sqrt{3}}{1}=-\dfrac{\pi}{3}$ （$=-60°$）

したがって，

$$\dot{Z}=2\varepsilon^{-j\frac{\pi}{3}}=2\angle-\dfrac{\pi}{3}$$

(4) 大きさ $I=\sqrt{2^2+(-2\sqrt{3})^2}=\sqrt{4+12}=\sqrt{16}=4$

偏角 $\theta=\tan^{-1}\dfrac{-2\sqrt{3}}{2}=-\dfrac{\pi}{3}$ （$=-60°$）

したがって，

$$\dot{I}=4\varepsilon^{-j\frac{\pi}{3}}=4\angle-\dfrac{\pi}{3}$$

問 4-8 次のベクトルを極座標表示にしなさい。
(1) $\dot{A}=4-j4$ (2) $\dot{B}=-j\sqrt{3}$ (3) $\dot{C}=-\sqrt{3}+j$ (4) $\dot{D}=-5-j4$

(3) ベクトルの表示方法の相互関係

　例題 4.7，例題 4.8 でもわかるとおり，直交座標表示と三角関数表示，更には，極座標表示の相互関係は，そのベクトルの大きさと偏角を媒介として，とても密接な関係がある。

　ここで，直交座標表示と三角関数表示においては別々の表示方法として解説をしてきたが，実際問題としては三角関数表示は実軸の成分と，虚軸の成分を三角関数を利用して，直交座標表示の書き方を変化させたものであるから，扱いとしては，三角関数表示は直交座標表示の扱いと変わらない。

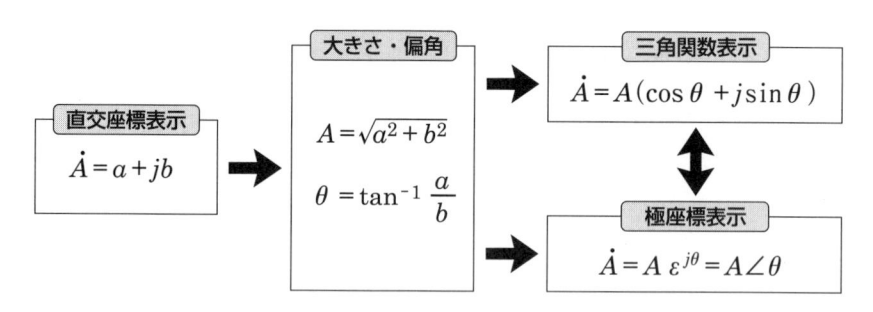

```
直交座標表示       大きさ・偏角              三角関数表示
$\dot{A}=a+jb$  →  $A=\sqrt{a^2+b^2}$   →  $\dot{A}=A(\cos\theta+j\sin\theta)$
                   $\theta=\tan^{-1}\dfrac{a}{b}$           ↕
                                         →  極座標表示
                                            $\dot{A}=A\varepsilon^{j\theta}=A\angle\theta$
```

図4・6 ベクトルの表示方法の相互関係

(4) 極座標表示における複素数の乗除算

　直交座標表示における複素数の四則演算はすでに学習している。ここでは，新しく学んだ極座標表示における複素数の乗除算の方法について学んでいく。

　注意点として，極座標表示では，複素数の実部と虚部の表示ができない為，加減算をするときは一度，直交座標表示（三角関数表示）に戻さなければならないことである。

● 乗算

　複素数 $\dot{A}=A\varepsilon^{j\theta_A}=A\angle\theta_A$，$\dot{B}=B\varepsilon^{j\theta_B}=B\angle\theta_B$ をお互いに掛けるとき，次の

ように計算する。
$$\dot{A}\times\dot{B}=A\varepsilon^{j\theta_A}\times B\varepsilon^{j\theta_B}=AB\varepsilon^{j(\theta_A+\theta_B)}=AB\angle(\theta_A+\theta_B)$$

● 除算

複素数 $\dot{A}=A\varepsilon^{j\theta_A}=A\angle\theta_A$, $\dot{B}=B\varepsilon^{j\theta_B}=B\angle\theta_B$ をお互いに割るとき，次のように計算する。
$$\frac{\dot{A}}{\dot{B}}=\frac{A\varepsilon^{j\theta_A}}{B\varepsilon^{j\theta_B}}=\frac{A}{B}\varepsilon^{j(\theta_A-\theta_B)}=\frac{A\angle\theta_A}{B\angle\theta_B}=\frac{A}{B}\angle(\theta_A-\theta_B)$$

例題 4.9 複素数 $\dot{V}=40\angle60°$, $\dot{I}=8\angle35°$ について，次の計算をしなさい。

(1) $\dot{V}\times\dot{I}$ (2) $\dfrac{\dot{V}}{\dot{I}}$ (3) $\dfrac{\dot{I}}{\dot{V}}$

解答

極座標表示における乗除算の方法を利用する。

(1) $\dot{V}\times\dot{I}=40\angle60°\times8\angle35°=40\times8\angle(60°+35°)=320\angle95°$

(2) $\dfrac{\dot{V}}{\dot{I}}=\dfrac{40\angle60°}{8\angle35°}=\dfrac{40}{8}\angle(60°-35°)=5\angle25°$

(3) $\dfrac{\dot{I}}{\dot{V}}=\dfrac{8\angle35°}{40\angle60°}=\dfrac{8}{40}\angle(35°-60°)=0.2\angle-25°$

問 4-9 複素数 $\dot{V}=5\varepsilon^{j\frac{\pi}{2}}$, $\dot{I}=10\varepsilon^{j\frac{\pi}{4}}$ について，次の計算をしなさい。

(1) $\dot{V}\times\dot{I}$ (2) $\dfrac{\dot{V}}{\dot{I}}$ (3) $\dfrac{\dot{I}}{\dot{V}}$

章末問題④

1. 次の計算をしなさい。

(1) j^9 (2) $j\times(-j)$ (3) $\dfrac{1}{j}$ (4) $\dfrac{1}{1+j}$

2. 複素数 $\dot{A}=3+j5$, $\dot{B}=4+j$ について,次の計算をしなさい。

(1) $\dot{A}+\dot{B}$　　(2) $\dot{B}-\dot{A}$　　(3) $\dot{A}\dot{B}$　　(4) $\dfrac{\dot{B}}{\dot{A}}$

3. $\dot{Z}_1=4+j5$〔Ω〕, $\dot{Z}_2=3-j$〔Ω〕のインピーダンスを直列に接続したときの合成インピーダンス Z_S と並列に接続したときの合成インピーダンス Z_P を計算しなさい。

《p.76「例題 4.4 インピーダンスの直列接続・並列接続」参照》

4. $\dot{Z}=8+j4$〔Ω〕のインピーダンスをもつ回路に,$\dot{V}=3+j2$〔V〕の電圧を加えたとき,回路に流れる電流 $\dot{I}$ はいくらか,また電流の大きさと位相角を求めなさい。

《p.79「例題 4.6 オームの法則」参照》

5. (1),(2) のベクトルを三角関数表示に,(3),(4) のベクトルを極座標表示にしなさい。

(1) $\dot{A}=2-j3$　　(2) $\dot{B}=3+j4$　　(3) $\dot{C}=12+j13$　　(4) $\dot{D}=6-j$

6. 複素数 $\dot{V}=12\angle 45°$, $\dot{I}=6\angle 30°$ について,次の計算をしなさい。

(1) $\dot{V}\times\dot{I}$　　(2) $\dfrac{\dot{V}}{\dot{I}}$　　(3) $\dfrac{\dot{I}}{\dot{V}}$

7. ある負荷に,$\dot{V}=30\angle 120°$〔V〕の電圧を加えたとき,回路に $\dot{I}=5\angle 60°$ の電流が流れた。負荷のインピーダンスはいくらか。極座標表示で答えなさい。

《p.79「例題 4.6 オームの法則」参照》

第5章

微分・積分と電磁気学

本章では，関数の極限値，平均変化率からはじまり，微分・積分での計算方法および性質，各種関数の微分・積分の公式を学習する。
微分・積分の計算は電磁気学での種々の電気現象の計算や解析を行うときに用いられている。

5.1 極限値

(1) 関数

$y=2x+1$ や $y=x^2-2$ のように，x の値が決まれば y の値が1つに決まる。このとき y は x の**関数**であるといい。$y=f(x)$ と表す。

関数 $y=f(x)$ において，x の値が取りうる範囲のことを**定義域**といい，x が定義域の範囲内を動いたときに，それに対応して取りうる y の値の範囲のことを**値域**という。また x が a という値に対応する y の値を $f(a)$ というように表す。

例題 5.1 関数 $f(x)=2x^2+1$ について，次の値を求めなさい。

(1) $f(2)$ 　　　(2) $f(-3)$

解答

それぞれの値を x に代入して，値を求めればよい。

(1) $f(2)=2\times 2^2+1=9$ 　　(2) $f(-3)=2\times(-3)^2+1=19$

問 5-1 関数 $f(x)=(x+1)^2-4$ について，次の値を求めなさい。

(1) $f(0)$ (2) $f(-1)$ (3) $f(4)$ (4) $f(-2)$

(2) 極限値

関数 $f(x)$ において，x の値を a に限りなく近づけると，$f(x)$ の値もそれに伴って，ある一定の値 α に近づいていく。このとき α の値を関数 $f(x)$ の **極限値** といい，次のように表す。

《5-1》極限値

$$\lim_{x \to a} f(x) = \alpha \quad (\text{lim は limit（極限）の略語である。})$$

(3) 極限値の性質

$\lim_{x \to a} f(x)$, $\lim_{x \to a} g(x)$ が存在するとき，次のような性質がある。

《5-2》極限値の性質

$$\lim_{x \to a} \{f(x) \pm g(x)\} = \lim_{x \to a} f(x) \pm \lim_{x \to a} g(x)$$

$$\lim_{x \to a} kf(x) = k \lim_{x \to a} f(x)$$

$$\lim_{x \to a} f(x) \cdot g(x) = \lim_{x \to a} f(x) \cdot \lim_{x \to a} g(x)$$

$$\lim_{x \to a} \frac{f(x)}{g(x)} = \frac{\lim_{x \to a} f(x)}{\lim_{x \to a} g(x)}$$

(4) 三角関数の極限値

ここでは，次の三角関数の極限値を証明していく。この三角関数の極限値の値は，今後三角関数の微分を行うときに重要となってくるのでしっかり理解してもらいたい。

$$\lim_{\theta \to 0} \frac{\sin \theta}{\theta} = 1$$

この極限値を証明するために図 5·1 を用いる。まず，△AOD と △COD と扇形 AOD の面積の大きさの関係は，

$\triangle\text{AOD}<$ 扇形 $\text{AOD}<\triangle\text{COD}$

である。それぞれの面積の値を計算すると，

$$\frac{1}{2}\times 1\times \sin\theta < \frac{1}{2}\times 1^2\times \theta < \frac{1}{2}\times 1\times \tan\theta$$

となる。各式を $\frac{1}{2}\sin\theta$ で割ると，

$$1 < \frac{\theta}{\sin\theta} < \frac{1}{\cos\theta}$$

$$\left(\frac{\tan\theta}{\sin\theta}=\frac{\sin\theta}{\cos\theta}\times\frac{1}{\sin\theta}=\frac{1}{\cos\theta}\right)$$

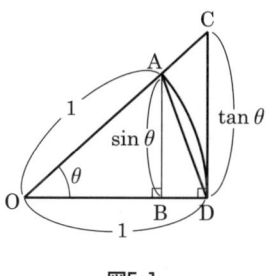

図5・1

という式を得る。このとき各項の逆数を取ると（各項の値は正なので不等号の符号は反対となる），

$$1 > \frac{\sin\theta}{\theta} > \cos\theta$$

となり，$\lim_{\theta\to 0}\cos\theta=1$ であるから，はさまれている項ももちろん1という極限値を持つことになる。

$$\lim_{\theta\to 0}\frac{\sin\theta}{\theta}=1$$

例題 5.2 次の関数の極限値を求めなさい。

(1) $\lim_{x\to 0} x^2+3x-8$ (2) $\lim_{x\to 1}\frac{(x+2)^3}{x}$ (3) $\lim_{x\to 3}\frac{x^2-9}{x-3}$ (4) $\lim_{\theta\to 0}\frac{\tan\theta}{\theta}$

解答

(1) $\lim_{x\to 0} x^2+3x-8=0^2+3\times 0-8=-8$

(2) $\lim_{x\to 1}\frac{(x+2)^3}{x}=\frac{(1+2)^3}{1}=27$

(3) 分母が0になってしまうので，次のように式を変形し約分する。

$$\lim_{x\to 3}\frac{x^2-9}{x-3}=\lim_{x\to 3}\frac{(x+3)(x-3)}{x-3}=\lim_{x\to 3} x+3=3+3=6$$

(4) $\lim_{\theta\to 0}\frac{\tan\theta}{\theta}=\lim_{\theta\to 0}\frac{\sin\theta}{\cos\theta}\times\frac{1}{\theta}=\lim_{\theta\to 0}\frac{\sin\theta}{\theta}\times\frac{1}{\cos\theta}=1\times 1=1$

問 5-2 次の関数の極限値を求めなさい。

(1) $\lim_{x \to 1} (x+2)$ 　　(2) $\lim_{x \to 0} (3x^2+5)$

(3) $\lim_{x \to 2} \dfrac{x^2+x-6}{x-2}$ 　　(4) $\lim_{x \to 3} \dfrac{x^2-8x+15}{x-3}$

5.2 微分係数と導関数

(1) 平均変化率

関数 $f(x)$ において，x の値を a から b まで変化させたとき，それに伴う関数 $f(x)$ の値の変化の割合を a から b までの**平均変化率**といい，次の式で求める。

$$\frac{f(b)-f(a)}{b-a}$$

図 5・2 より，平均変化率とは $x=a$ から $x=b$ における直線 AB の傾きを表していることになる。

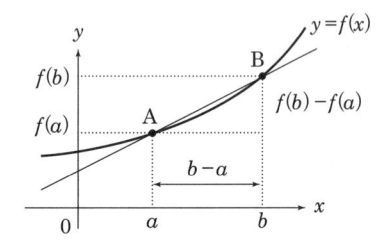

図5・2 平均変化率

(2) 微分係数

図 5・3 のように，x 軸上の値 b を限りなく a に近づけたとき，直線 AB は点 A における接線となる。このことを前節で学習した極限値を用いて計算すると，次のような式になる。

$$f'(a) = \lim_{b \to a} \frac{f(b)-f(a)}{b-a}$$

このとき，$f'(a)$ を $x=a$ における**微分係数**とよぶ。

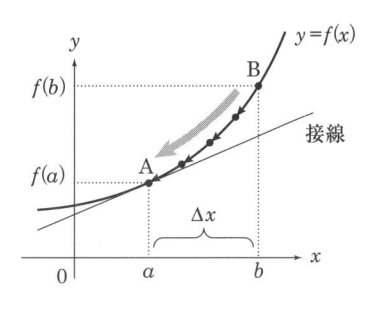

図5・3 微分係数

いま，$b = a + \Delta x$ と置くと，前述の式は，
$$f'(a) = \lim_{\Delta x \to 0} \frac{f(a + \Delta x) - f(a)}{\Delta x}$$
と表すこともできる。

例題 5.3 次の関数の $x=3$ から 5 までの平均変化率と $x=3$ における微分係数を求めなさい。

(1) $f(x) = x^3$ (2) $f(x) = x^2 + 3$

解答

平均変化率と微分係数を求める計算式から，

(1) 平均変化率 $= \dfrac{f(5) - f(3)}{5 - 3} = \dfrac{125 - 27}{2} = \dfrac{98}{2} = 49$

微分係数

$$f'(3) = \lim_{\Delta x \to 0} \frac{f(3 + \Delta x) - f(3)}{\Delta x} = \lim_{\Delta x \to 0} \frac{(\Delta x^3 + 9\Delta x^2 + 27\Delta x + 27) - 27}{\Delta x}$$
$$= \lim_{\Delta x \to 0} \frac{\Delta x^3 + 9\Delta x^2 + 27\Delta x}{\Delta x} = \lim_{\Delta x \to 0} \frac{\Delta x(\Delta x^2 + 9\Delta x + 27)}{\Delta x}$$
$$= \lim_{\Delta x \to 0} \Delta x^2 + 9\Delta x + 27 = 27$$

(2) 平均変化率 $= \dfrac{f(5) - f(3)}{5 - 3} = \dfrac{28 - 12}{2} = \dfrac{16}{2} = 8$

微分係数

$$f'(3) = \lim_{\Delta x \to 0} \frac{f(3 + \Delta x) - f(3)}{\Delta x} = \lim_{\Delta x \to 0} \frac{(\Delta x^2 + 6\Delta x + 9 + 3) - 12}{\Delta x}$$
$$= \lim_{\Delta x \to 0} \frac{\Delta x^2 + 6\Delta x}{\Delta x} = \lim_{\Delta x \to 0} \frac{\Delta x(\Delta x + 6)}{\Delta x} = \lim_{\Delta x \to 0} \Delta x + 6 = 6$$

問 5-3 次の関数の $x=1$ から 2 までの平均変化率と $x=1$ における微分係数を求めなさい。

(1) $f(x) = x^2$ (2) $f(x) = x + 3$

(3) 導関数

微分係数の式における $f(a)$ は a を変数とする関数である。一般に変数 a を x に置き換えることによって，任意の点 x における微分係数をあらわすことが，次の式でできる。

$$f'(x) = \lim_{\Delta x \to 0} \frac{f(x+\Delta x)-f(x)}{\Delta x}$$

この $f'(x)$ のことを**導関数**とよび，関数 $f(x)$ から導関数 $f'(x)$ を導き出すことを**微分する**という。導関数のあらわし方は以下のようなものがある。

$$y', \quad f'(x), \quad \frac{dy}{dx}, \quad \frac{df(x)}{dx}$$

例題 5.4 次の関数の導関数を定義により求めなさい（微分しなさい）。

(1) $f(x)=2x+3$　　(2) $f(x)=x^2+1$

解答

導関数を求める式より，

(1) $f'(x) = \lim\limits_{\Delta x \to 0} \dfrac{f(x+\Delta x)-f(x)}{\Delta x} = \lim\limits_{\Delta x \to 0} \dfrac{(2x+2\Delta x+3)-(2x+3)}{\Delta x}$

$= \lim\limits_{\Delta x \to 0} \dfrac{2\Delta x}{\Delta x} = 2$

(2) $f'(x) = \lim\limits_{\Delta x \to 0} \dfrac{f(x+\Delta x)-f(x)}{\Delta x} = \lim\limits_{\Delta x \to 0} \dfrac{(x^2+2\Delta x \cdot x + \Delta x^2+1)-(x^2+1)}{\Delta x}$

$= \lim\limits_{\Delta x \to 0} \dfrac{2\Delta x \cdot x + \Delta x^2}{\Delta x} = \lim\limits_{\Delta x \to 0} \dfrac{\Delta x(2x+\Delta x)}{\Delta x} = \lim\limits_{\Delta x \to 0} 2x+\Delta x = 2x$

問 5-4 次の関数の導関数を定義により求めなさい（微分しなさい）。

(1) $f(x)=3x^2-4$　　(2) $f(x)=x^3$

5.3 微分の基礎

(1) べき関数の微分（べき数が正のとき）

　前節では導関数を定義式において求めてきたが，様々な関数に定義式を適用し導関数を求めることは時間がかかってしまい，途中計算でミスが出る可能性がある。ここでは，微分の一番基礎となるべき関数（べき数が正のとき）の微分の公式を導き出す。

　いま，$f(x) = x^n$ を定義式において微分していく。

$$f'(x) = \lim_{\Delta x \to 0} \frac{f(x+\Delta x) - f(x)}{\Delta x} = \lim_{\Delta x \to 0} \frac{(x+\Delta x)^n - x^n}{\Delta x}$$

ここで，二項定理により $(x+\Delta x)^n$ を展開すると，

$$(x+\Delta x)^n = x^n + nx^{n-1}\Delta x + \frac{n(n-1)}{2}x^{n-2}\Delta x^2 + \cdots + \Delta x^n$$

したがって，

$$\begin{aligned}
f'(x) &= \lim_{\Delta x \to 0} \frac{(x+\Delta x)^n - x^n}{\Delta x} \\
&= \lim_{\Delta x \to 0} \frac{1}{\Delta x}\left(x^n + nx^{n-1}\Delta x + \frac{n(n-1)}{2}x^{n-2}\Delta x^2 + \cdots + \Delta x^n - x^n\right) \\
&= \lim_{\Delta x \to 0} \left(nx^{n-1} + \frac{n(n-1)}{2}x^{n-2}\Delta x + \cdots + \Delta x^{n-1}\right) = nx^{n-1}
\end{aligned}$$

《5-3》べき関数の微分公式（べき数が正のとき）

$(x^n)' = nx^{n-1}$

関数内における**定数項は微分すると 0 になる**。

例題 5.5　次の関数を微分しなさい。

(1) $f(x) = x^2$　　(2) $f(x) = x^{43}$　　(3) $f(x) = 10$

解答

べき関数の微分公式により

(1) $f'(x) = 2x^{2-1} = 2x$

(2) $f'(x) = 43x^{43-1} = 43x^{42}$

(3) $f'(x) = 0$ （定数項は微分すると 0 になる。）

問 5-5 次の関数を微分しなさい。

(1) $f(x) = x^{33}$　　(2) $f(x) = 21$　　(3) $f(x) = x^{20}$　　(4) $f(x) = 999$

(2) 関数の定数倍，和と差の微分公式

関数 $f(x)$, $g(x)$ が微分できる（**微分可能**）とき，関数の定数倍，和と差の微分は次の公式で導かれる。

《5-4》関数の定数倍，和と差の微分公式

関数の定数倍の微分公式

$$\{k \cdot f(x)\}' = k \cdot f'(x) \quad (k \text{ は定数})$$

関数の和と差の微分公式

$$\{f(x) \pm g(x)\}' = f'(x) \pm g'(x) \quad (\text{複合同順})$$

例題 5.6 次の関数を微分しなさい。

(1) $f(x) = -2x^2$　　(2) $f(x) = 3x^4 + 2x$　　(3) $f(x) = 3x^4 + x^3 + 2$

解答

(1) $f'(x) = -2(x^2)' = -2 \times 2x^{2-1} = -4x$

(2) $f'(x) = 3(x^4)' + 2(x)' = 3 \times 4x^{4-1} + 2 \times 1x^{1-1} = 12x^3 + 2$

(3) $f'(x) = 3(x^4)' + (x^3)' + (2)' = 3 \times 4x^{4-1} + 3x^{3-1} = 12x^3 + 3x^2$

問 5-6 次の関数を微分しなさい。

(1) $f(x) = 5x^4 + 4$　　(2) $f(x) = 3x^4 + 4x^2 + 6x + 7$

(3) $f(x) = (x+3)(x-4)$　　(4) $f(x) = (x-2)^2$

(3) 積と商の微分公式

関数 $f(x)$, $g(x)$ が微分できる（**微分可能**）とき，積 $\{f(x) \cdot g(x)\}$ の微分と商 $\left\{\dfrac{f(x)}{g(x)}\right\}$ の微分は次の公式で導かれる。

《5-5》積と商の微分公式

積の微分公式
$$\{f(x) \cdot g(x)\}' = f(x)' \cdot g(x) + f(x) \cdot g(x)'$$

商の微分公式
$$\left\{\dfrac{f(x)}{g(x)}\right\}' = \dfrac{f(x)' \cdot g(x) - f(x) \cdot g(x)'}{\{g(x)\}^2}$$

例題 5.7 次の関数を微分しなさい。

(1) $f(x) = (x+1)(x^2+3)$ (2) $f(x) = (2x+3)(3x^2+2)$

(3) $f(x) = \dfrac{x^2+1}{2x}$ (4) $f(x) = \dfrac{2}{x+1}$

解答

積と商の微分公式を利用する。

(1) $f'(x) = (x+1)'(x^2+3) + (x+1)(x^2+3)' = 1(x^2+3) + (x+1)2x$
$= (x^2+3) + (2x^2+2x) = 3x^2 + 2x + 3$

(2) $f'(x) = (2x+3)'(3x^2+2) + (2x+3)(3x^2+2)' = 2(3x^2+2) + (2x+3)6x$
$= (6x^2+4) + (12x^2+18x) = 18x^2 + 18x + 4$

(3) $f'(x) = \dfrac{(x^2+1)'2x - (x^2+1)(2x)'}{(2x)^2} = \dfrac{2x \times 2x - (x^2+1)2}{4x^2}$
$= \dfrac{4x^2 - (2x^2+2)}{4x^2} = \dfrac{2x^2-2}{4x^2} = \dfrac{2(x^2-1)}{4x^2} = \dfrac{x^2-1}{2x^2}$

(4) $f'(x) = \dfrac{(2)'(x+1) - 2(x+1)'}{(x+1)^2} = \dfrac{0(x+1) - 2 \times 1}{(x+1)^2} = \dfrac{-2}{(x+1)^2}$

問 5-7 次の関数を微分しなさい。

(1) $f(x) = (x^3+3)(2x^4+4)$ (2) $f(x) = (x+2)(x-2)$

(3) $f(x) = \dfrac{x+1}{x}$ (4) $f(x) = \dfrac{x-3}{x+3}$

(4) 合成関数の微分

関数 $y=(x^2+1)^4$ を微分するとき，地道に展開公式を利用し，式を展開してから微分することは可能である。しかしここで，$u=x^2+1$，$y=u^4$ という形の**合成関数**として考えると展開公式を利用するよりも微分が容易にできる。

関数 $y=f(u)$，$u=g(x)$ であるとき，合成関数 $y=f\{g(x)\}$ の微分は次の公式で導かれる。

《5-6》合成関数の微分公式

$$\frac{dy}{dx}=\frac{dy}{du}\cdot\frac{du}{dx}=\frac{df(u)}{du}\cdot\frac{dg(x)}{dx}$$

例題 5.8 次の関数を微分しなさい。

(1) $f(x)=(x+3)^5$ (2) $f(x)=(6x^2+3)^2$

解答

合成関数の微分公式より，

(1) $u=x+3$ とおき，$f(u)=u^5$ とすると，

$$f'(x)=\frac{df(u)}{du}\cdot\frac{du}{dx}=5u^4\cdot 1=5u^4=5(x+3)^4$$

(2) $u=6x^2+3$ とおき，$f(u)=u^2$ とすると，

$$f'(x)=\frac{df(u)}{du}\cdot\frac{du}{dx}=2u\cdot(12x)=2(6x^2+3x)\cdot 12x=24x(6x^2+3x)$$

問 5-8 次の関数を微分しなさい。

(1) $f(x)=(2x+4)^6$ (2) $f(x)=(x^2+3x)^3$ (3) $f(x)=(x-1)^{10}$

5.4 微分の応用

(1) 高次導関数

関数 $f(x)$ を n 回微分したときに得られる導関数を n **次導関数**という。n 次導関数は次のように表す。

$$y^{(n)}, \quad f^{(n)}(x), \quad \frac{df^{(n)}(x)}{dx^{(n)}}$$

例題 5.9 次の関数の 2 次導関数を求めなさい。

(1) $f(x) = 3x^3 + 2x^2$ (2) $f(x) = 4x^6 + x^5$

解答 ....

2 次導関数であるから $f(x)$ を 2 回微分すればよい。

(1) $f'(x) = 9x^2 + 4x$, $f^{(2)}(x) = f''(x) = 18x + 4$

(2) $f'(x) = 24x^5 + 5x^4$, $f^{(2)}(x) = f''(x) = 120x^4 + 20x^3$

問 5-9 次の関数の 2 次導関数を求めなさい。

(1) $f(x) = 2x^2 + 7$ (2) $f(x) = (x+2)^3$

(2) 三角関数の微分

　三角関数の微分を定義によりそれぞれ求めていく。少し複雑ではあるが，今まで学習した内容を利用しているので計算練習を兼ねて，計算過程を追って見てほしい。

● 正弦関数 $y = \sin\theta$ の微分

$$\begin{aligned}
(\sin\theta)' &= \lim_{\Delta\theta \to 0} \frac{\sin(\theta + \Delta\theta) - \sin\theta}{\Delta\theta} = \lim_{\Delta\theta \to 0} \frac{2\cos\left(\frac{2\theta + \Delta\theta}{2}\right)\sin\frac{\Delta\theta}{2}}{\Delta\theta} \\
&= \lim_{\Delta\theta \to 0} \frac{2\cos\left(\theta + \frac{\Delta\theta}{2}\right)\sin\frac{\Delta\theta}{2}}{\Delta\theta} = \lim_{\Delta\theta \to 0} \frac{\cos\left(\theta + \frac{\Delta\theta}{2}\right)\sin\frac{\Delta\theta}{2}}{\frac{\Delta\theta}{2}} \\
&= \left\{\lim_{\Delta\theta \to 0}\cos\left(\theta + \frac{\Delta\theta}{2}\right)\right\}\left(\lim_{\Delta\theta \to 0}\frac{\sin\frac{\Delta\theta}{2}}{\frac{\Delta\theta}{2}}\right) = \cos\theta \cdot 1 = \cos\theta
\end{aligned}$$

- 余弦関数 $y = \cos\theta$ の微分

$$(\cos\theta)' = \lim_{\Delta\theta \to 0} \frac{\cos(\theta + \Delta\theta) - \cos\theta}{\Delta\theta} = \lim_{\Delta\theta \to 0} \frac{-2\sin\left(\frac{2\theta + \Delta\theta}{2}\right)\sin\frac{\Delta\theta}{2}}{\Delta\theta}$$

$$= \lim_{\Delta\theta \to 0} \frac{-2\sin\left(\theta + \frac{\Delta\theta}{2}\right)\sin\frac{\Delta\theta}{2}}{\Delta\theta} = \lim_{\Delta\theta \to 0} \frac{-\sin\left(\theta + \frac{\Delta\theta}{2}\right)\sin\frac{\Delta\theta}{2}}{\frac{\Delta\theta}{2}}$$

$$= \left\{-\lim_{\Delta\theta \to 0} \sin\left(\theta + \frac{\Delta\theta}{2}\right)\right\}\left(\lim_{\Delta\theta \to 0} \frac{\sin\frac{\Delta\theta}{2}}{\frac{\Delta\theta}{2}}\right) = -\sin\theta \cdot 1 = -\sin\theta$$

- 正接関数 $y = \tan\theta$ の微分

$$(\tan\theta)' = \left(\frac{\sin\theta}{\cos\theta}\right)' = \frac{(\sin\theta)' \cdot \cos\theta - \sin\theta \cdot (\cos\theta)'}{\cos^2\theta}$$

$$= \frac{\cos\theta \cdot \cos\theta - \sin\theta \cdot (-\sin\theta)}{\cos^2\theta} = \frac{\cos^2\theta + \sin^2\theta}{\cos^2\theta} = \frac{1}{\cos^2\theta}$$

《5-7》三角関数の微分公式

$(\sin\theta)' = \cos\theta$

$(\cos\theta)' = -\sin\theta$

$(\tan\theta)' = \dfrac{1}{\cos^2\theta}$

$(\sin^{-1}\theta)' = \dfrac{1}{\sqrt{1-\theta^2}}$

$(\tan^{-1}\theta)' = \dfrac{1}{1+\theta^2}$

例題 5.10 次の三角関数を微分しなさい。

(1) $y = \sin 2x$ (2) $y = \cos^3 x$ (3) $y = \sin(3x - 3)$

解答

三角関数の微分公式を利用する。

(1) $y = \sin u$, $u = 2x$ とおき合成関数の微分公式より,

$$\frac{dy}{dx}=\frac{dy}{du}\cdot\frac{du}{dx}=\cos u \cdot 2 = 2\cos u = 2\cos 2x$$

(2) $y=u^3$, $u=\cos x$ とおき合成関数の微分公式より,

$$\frac{dy}{dx}=\frac{dy}{du}\cdot\frac{du}{dx}=2u^2\cdot(-\sin x)=-2u^2\cdot\sin x=-2\cos^2 x\cdot\sin x$$

(3) $y=\sin u$, $u=3x-3$ とおき合成関数の微分公式より,

$$\frac{dy}{dx}=\frac{dy}{du}\cdot\frac{du}{dx}=\cos u \cdot 3 = 3\cdot\cos u = 3\cos(3x-3)$$

例題 5.11 図5・4のように,自己インダクタンスが L 〔H〕のコイルに交流電流 $i=I\sin\omega t$ 〔A〕が流れたとき,コイルに誘導される自己誘導起電力はいくらか。

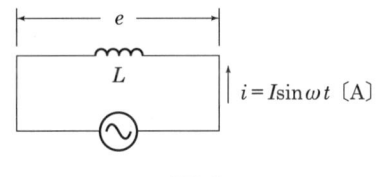

図5・4

〈自己インダクタンスの自己誘導起電力〉

自己誘導起電力を求める式は,

$$e=L\frac{di}{dt}\text{〔V〕}$$

解答

したがって,

$$e=L\frac{di}{dt}=L\frac{dI\sin\omega t}{dt}=\omega LI\cos\omega t=\omega LI\sin\left(\omega t+\frac{\pi}{2}\right)\text{〔V〕}$$

となり,コイルに誘導される自己誘導起電力 e は回路を流れる電流 i より位相が $\frac{\pi}{2}$〔rad〕(90°)進むことがわかる。

例題 5.12 図5・5のように,コンデンサの静電容量が C〔F〕の回路に交流電圧 $e=E\sin\omega t$〔V〕を加えたとき,回路に流れる電流はいくらか。

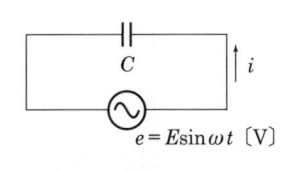

図5・5

〈コンデンサ回路に流れる電流〉

回路に流れる電流を求める式は，

$$i = C\frac{de}{dt} \text{〔A〕}$$

解答 ....

したがって，

$$i = C\frac{de}{dt} = C\frac{dE\sin\omega t}{dt} = \omega CE\cos\omega t = \omega CE\sin\left(\omega t + \frac{\pi}{2}\right)\text{〔A〕}$$

となり，回路に流れる電流は回路に加えられる電圧より位相が $\frac{\pi}{2}$〔rad〕（90°）進むことがわかる。

問 5-10 次の三角関数を微分しなさい。

(1) $y = \cos(4x+6)$　　(2) $y = \sin^4 x$　　(3) $y = \tan(3x-3)$

(3) 対数・指数関数の微分

対数・指数関数の微分を定義によりそれぞれ求めていく。少し複雑ではあるが，今まで学習した内容を利用しているので計算練習を兼ねて，計算過程を追って見てほしい。

● 対数関数 $y = \log_a x$ の微分

$$(\log_a x)' = \lim_{\Delta x \to 0}\frac{\log_a(x+\Delta x) - \log_a x}{\Delta x} = \lim_{\Delta x \to 0}\frac{1}{\Delta x}\{\log_a(x+\Delta x) - \log_a x\}$$

$$= \lim_{\Delta x \to 0}\frac{1}{\Delta x}\cdot\log_a\left(\frac{x+\Delta x}{x}\right) = \lim_{\Delta x \to 0}\frac{1}{\Delta x}\cdot\log_a\left(1+\frac{\Delta x}{x}\right)$$

ここで $\frac{\Delta x}{x} = \frac{1}{h}$ とおいたとき，$\Delta x \to 0$ は $h \to \infty$ となる。したがって，

$$\lim_{h \to \infty}\frac{h}{x}\cdot\log_a\left(1+\frac{1}{h}\right) = \lim_{h \to \infty}\frac{1}{x}\cdot\log_a\left(1+\frac{1}{h}\right)^h = \frac{1}{x}\log_a \varepsilon = \frac{1}{x\log a}$$

∴ $\lim_{h \to \infty}\left(1+\frac{1}{h}\right)^h = 2.7182\cdots = \varepsilon$ この値を自然対数の底 ε と定義している。

自然対数 $\log_\varepsilon x$ は一般的に $\log x$ または，$\ln x$ と表現する。

● 対数関数 $y = \log x$ の微分

$(\log_a x)'$ の a を ε に置き換えて計算すればよい。

$$(\log_\varepsilon x)' = \lim_{h \to \infty} \frac{h}{x} \cdot \log_\varepsilon \left(1 + \frac{1}{h}\right) = \lim_{h \to \infty} \frac{1}{x} \cdot \log_\varepsilon \left(1 + \frac{1}{h}\right)^h = \frac{1}{x} \log_\varepsilon \varepsilon = \frac{1}{x \log \varepsilon} = \frac{1}{x}$$

● 指数関数 $y = a^x$ の微分

両辺の自然対数をとると，

$$\log y = \log a^x = x \log a$$

そして，両辺を x で微分する。（$\log a$ は定数である。）

左辺の微分　$(\log y)' = \dfrac{y'}{y}$

右辺の微分　$(x \log a)' = (x)' \cdot \log a + x \cdot (\log a)' = 1 \cdot \log a + x \cdot 0 = \log a$

したがって，

$$\frac{y'}{y} = \log a$$
$$y' = y \log a = a^x \log a$$

● 指数関数 $y = \varepsilon^x$ 微分

$(a^x)'$ の a を ε に置き換えて計算すればよい。

$$y' = y \log \varepsilon = \varepsilon^x \log \varepsilon = \varepsilon^x$$

《5-8》対数・指数関数の微分

● 対数関数の微分公式

$$(\log_a x)' = \frac{1}{x \log a}$$
$$(\log x)' = \frac{1}{x}$$

● 指数関数の微分公式

$$(a^x)' = a^x \log a$$
$$(\varepsilon^x)' = \varepsilon^x$$

例題 5.13　次の関数を微分しなさい。

(1) $y = \log(x^2 + 2)$　　(2) $y = \varepsilon^{2x}$　　(3) $y = \log 2x$

解答　┄┄

対数・指数関数の微分公式を利用する。

(1) $y = \log u$, $u = x^2 + 2$ とおき合成関数の微分公式より，

$$\frac{dy}{dx} = \frac{dy}{du} \cdot \frac{du}{dx} = \frac{1}{u} \cdot 2x = \frac{2x}{u} = \frac{2x}{x^2+2}$$

(2) $y = \varepsilon^u$, $u = 2x$ とおき合成関数の微分公式より，

$$\frac{dy}{dx} = \frac{dy}{du} \cdot \frac{du}{dx} = \varepsilon^u \cdot 2 = 2\varepsilon^u = 2\varepsilon^{2x}$$

(3) $y = \log u$, $u = 2x$ とおき合成関数の微分公式より，

$$\frac{dy}{dx} = \frac{dy}{du} \cdot \frac{du}{dx} = \frac{1}{u} \cdot 2 = \frac{2}{u} = \frac{2}{2x} = \frac{1}{x}$$

問 5-11　次の関数を微分しなしさい。

(1) $y = 5^x$　　(2) $y = \varepsilon^{(x^2+1)}$　　(3) $y = \log(x^3 + 5)$

(4) べき関数の微分（べき数が実数のとき）

$y = x^a$（a は実数）であるとき，両辺の対数をとって x で微分すると，

$$\log y = \log x^a = a \log x$$

左辺の微分　$(\log y)' = \dfrac{y'}{y}$

右辺の微分　$(a \log x)' = (a)' \cdot \log x + a \cdot (\log x)' = 0 \cdot \log x + a \cdot \dfrac{1}{x} = \dfrac{a}{x}$

したがって，

$$\frac{y'}{y} = \frac{a}{x}$$

$$y' = y \cdot \frac{a}{x} = x^a \cdot \frac{a}{x} = x^a \cdot ax^{-1} = ax^{a-1}$$

《5-9》べき関数の微分公式（べき数が実数のとき）

$(x^a)' = ax^{a-1}$

指数関数の微分公式，べき関数の微分公式（べき数が実数のとき）を導くときに用いた両辺の対数をとって微分する方法を**対数微分法**という。

例題 5.14 次の関数を微分しなさい。

(1) $y = \dfrac{1}{x^2}$ (2) $y = \sqrt{x^2+1}$ (3) $y = x^{\sin x}$

解答

(1) $y' = \left(\dfrac{1}{x^2}\right)' = (x^{-2})' = -2 \cdot x^{-2-1} = -2 \cdot x^{-3} = -\dfrac{2}{x^3}$

(2) $y = \sqrt{u}$, $u = x^2+1$ とおき合成関数の微分公式より，

$$\dfrac{dy}{dx} = \dfrac{dy}{du} \cdot \dfrac{du}{dx} = \dfrac{1}{2}u^{\frac{1}{2}-1} \cdot 2x = \dfrac{1}{2}u^{-\frac{1}{2}} \cdot 2x = \dfrac{1}{2}(x^2+1)^{-\frac{1}{2}} \cdot 2x$$

$$= x(x^2+1)^{-\frac{1}{2}} = \dfrac{x}{\sqrt{x^2+1}}$$

(3) 対数微分法を用いて微分する。

両辺の対数をとる。

$$\log y = \log x^{\sin x} = \sin x \cdot \log x$$

両辺を x で微分する。

$$\dfrac{y'}{y} = (\sin x)' \cdot \log x + \sin x \cdot (\log x)' = \cos x \cdot \log x + \sin x \cdot \dfrac{1}{x}$$

$$y' = y \cdot \cos x = x^{\sin x}\left(\cos x \cdot \log x + \dfrac{\sin x}{x}\right)$$

問 5-12 次の関数を微分しなさい。

(1) $y = \dfrac{1}{\sqrt[3]{x}}$ (2) $y = x^{\log x}$ (3) $y = \dfrac{1}{2x+4}$

5.5 積分の基礎

(1) 不定積分

関数 $y=x^3$ を微分すると $y'=3x^2$ になることはすでに学習した。**積分**とは微分した $3x^2$ という式を与えられたときに，もとの関数 $y=x^3$ を求めることである。すなわち，積分とは微分の逆演算のことを表す。一般に微分をして，$f(x)$ となる関数 $F(x)$ は次のように表すことができる。

$$F'(x)=f(x)$$

ここで，関数 $F(x)$ は $f(x)$ の**不定積分**（原始関数）とよび，次のように表す。

$$\int f(x)\,dx = F(x)+C \quad (\int \text{は積分記号でインテグラルと読む。})$$

このとき $f(x)$ のことを**被積分関数**という。また，x^3+2，x^3-18 を微分すると，共に $3x^2$ となる。微分したときに定数項は消えてしまうので不定積分では**積分定数** C という任意の定数をつけ表現する。

(2) 不定積分の性質と公式

不定積分には次のような性質がある。

《5-10》不定積分の性質

$$\int kf(x)\,dx = k\int f(x)\,dx \quad (k \text{ は定数})$$

$$\int \{f(x)\pm g(x)\}\,dx = \int f(x)\,dx \pm \int g(x)\,dx \quad (\text{複合同順})$$

また，積分は微分の逆演算であることから，次の公式が得られる。

《5-11》不定積分の公式

● べき関数の積分公式

$$\int x^a\,dx = \frac{x^{a+1}}{a+1}+C \quad (a\neq -1)$$

● 三角関数の積分公式

$$\int \sin x\, dx = -\cos x + C$$

$$\int \cos x\, dx = \sin x + C$$

$$\int \frac{1}{\cos^2 x}\, dx = \tan x + C$$

- **対数・指数関数の積分公式**

$$\int \frac{1}{x}\, dx = \log x + C$$

$$\int \varepsilon^x\, dx = \varepsilon^x + C$$

例題 5.15　次の不定積分を計算しなさい。

(1) $\int 4x^3\, dx$　　(2) $\int (x^2 + 2x + 1)\, dx$

(3) $\int \sqrt{x}\, dx$　　(4) $\int (\varepsilon^x + \cos x)\, dx$

解答 ....
積分公式を利用する。

(1) $\int 4x^3\, dx = \dfrac{4x^{3+1}}{3+1} + C = \dfrac{4}{4} \cdot x^4 + C = x^4 + C$

(2) $\int (x^2 + 2x + 1)\, dx = \int x^2\, dx + \int 2x\, dx + \int 1\, dx$

$\qquad = \dfrac{x^{2+1}}{2+1} + \dfrac{2x^{1+1}}{1+1} + \dfrac{1}{0+1} \cdot x^{0+1} + C = \dfrac{x^3}{3} + x^2 + x + C$

(3) $\int \sqrt{x}\, dx = \int x^{\frac{1}{2}}\, dx = \dfrac{x^{\frac{1}{2}+1}}{\frac{1}{2}+1} + C = \dfrac{x^{\frac{3}{2}}}{\frac{3}{2}} + C = \dfrac{2}{3} x^{\frac{3}{2}} + C \quad \left(= \dfrac{2}{3} x\sqrt{x} + C\right)$

(4) $\int (\varepsilon^x + \cos x)\, dx = \int \varepsilon^x\, dx + \int \cos x\, dx = \varepsilon^x + \sin x + C$

問 5-13　次の不定積分を計算しなさい。

(1) $\int (2x^2 + x + 5)\, dx$　　(2) $\int \dfrac{1}{x^4}\, dx$　　(3) $\int 3\sin x - 4\varepsilon^x\, dx$

(3) 置換積分法

　与えられた関数が積分の公式によって直接計算できないとき，関数を置き換えて合成関数として考えて積分を行うことを**置換積分法**という。

《5-12》置換積分法の公式

$x = g(t)$ のとき，

$$\int f(x)dx = \int f\{g(t)\} \cdot g'(t)dt = \int f\{g(t)\} \cdot \frac{dx}{dt}dt$$

∵ $x = g(t)$ であるから $F(x) = \int f(x)dx$ の両辺を t で微分すれば，

合成関数の微分公式より，

$$\frac{dF(x)}{dt} = \frac{dF(x)}{dx} \cdot \frac{dx}{dt} = f(x) \cdot g'(t) = f\{g(t)\} \cdot g'(t)$$

例題 5.16 次の不定積分を置換積分法で計算しなさい。

(1) $\int (3x+4)^3 dx$ (2) $\int \varepsilon^{4x+2} dx$ (3) $\int \frac{1}{x-2} dx$

解答

置換積分法の公式を利用する。

(1) $t = 3x + 4$ とおく，また，$\frac{dx}{dt} = \frac{1}{3}$ であるから，

$$\int (3x+4)^3 dx = \int t^3 \cdot \frac{dx}{dt}dt = \int t^3 \cdot \frac{1}{3}dt = \frac{1}{3}\int t^3 dt = \frac{1}{12}t^4 + C$$

$$= \frac{1}{12}(3x+4)^4 + C$$

(2) $t = 4x + 2$ とおく，また，$\frac{dx}{dt} = \frac{1}{4}$ であるから，

$$\int \varepsilon^{4x+2} dx = \int \varepsilon^t \cdot \frac{dx}{dt}dt = \int \varepsilon^t \cdot \frac{1}{4}dt = \frac{1}{4}\int \varepsilon^t dt = \frac{1}{4}\varepsilon^t + C$$

$$= \frac{1}{4}\varepsilon^{4x+2} + C$$

(3) $t = x - 2$ とおく，また，$\frac{dx}{dt} = 1$ であるから，

$$\int \frac{1}{x-2} dx = \int \frac{1}{t} \cdot \frac{dx}{dt}dt = \int \frac{1}{t}dt = \log t + C = \log(x-2) + C$$

問 5-14 次の不定積分を置換積分法で計算しなさい。

(1) $\int (2x+7)^4 dx$ (2) $\int \cos(5x+3) dx$

(3) $\int \dfrac{1}{(x+5)^2} dx$ (4) $\int \sqrt{3x+1}\, dx$

(4) 部分積分法

　与えられた関数が積分の公式によって直接計算できないとき，関数を置き換えて合成関数として考えて置換積分ができることはすでに学んだ。**部分積分法**とは，積の微分公式を利用して導き出された，積分公式である。

$$\{f(x) \cdot g(x)\}' = f(x)' \cdot g(x) + f(x) \cdot g(x)' \quad (積の微分公式)$$

を次のように式変形をする。

$$f(x)' \cdot g(x) = \{f(x) \cdot g(x)\}' - f(x) \cdot g(x)'$$

変形した式の両辺を積分する。

$$\int f(x)' \cdot g(x) dx = f(x) \cdot g(x) - \int f(x) \cdot g(x)' dx$$

《5-13》部分積分法の公式

$$\int f(x)' \cdot g(x) dx = f(x) \cdot g(x) - \int f(x) \cdot g(x)' dx$$

例題 5.17 次の積分を部分積分法で求めなさい。

(1) $\int x \sin x\, dx$ (2) $\int x \varepsilon^x dx$ (3) $\int x \log x\, dx$

解答

部分積分法の公式を利用する。

(1) $f'(x) = \sin x$，$g(x) = x$ とおくと，$f(x) = -\cos x$，$g'(x) = 1$ となる。

$$\int x \sin x\, dx = x \cdot (-\cos x) - \int 1 \cdot (-\cos x) dx$$
$$= -x \cos x - \int (-\cos x) dx = -x \cos x - (-\sin x) + C$$
$$= -x \cos x + \sin x + C$$

(2) $f'(x)=\varepsilon^x$, $g(x)=x$ とおくと, $f(x)=\varepsilon^x$, $g'(x)=1$ となる。

$$\int x\varepsilon^x dx = x\varepsilon^x - \int 1\cdot\varepsilon^x dx = x\varepsilon^x - \int \varepsilon^x dx$$
$$= x\varepsilon^x - \varepsilon^x + C = \varepsilon^x(x-1) + C$$

(3) $f'(x)=x$, $g(x)=\log x$ とおくと, $f(x)=\frac{1}{2}x^2$, $g'(x)=\frac{1}{x}$ となる。

$$\int x\log x\, dx = \frac{1}{2}x^2 \cdot \log x - \int \frac{1}{2}x^2 \cdot \frac{1}{x}dx = \frac{1}{2}x^2\log x - \int \frac{1}{2}x\, dx$$
$$= \frac{1}{2}x^2\log x - \frac{1}{2}\cdot\frac{1}{2}x^2 + C = \frac{1}{2}x^2\log x - \frac{1}{4}x^2 + C$$

問 5-15 次の積分を部分積分法で求めなさい。

(1) $\int \log x\, dx$　　(2) $\int x\cos x\, dx$　　(3) $\int x\varepsilon^{3x} dx$

5.6 積分の応用

(1) 定積分

不定積分では微分された関数をもとの関数（原始関数）に戻す演算であった。**定積分**とは不定積分において積分範囲を定めて演算を行うことで，関数 $f(x)$ の不定積分が $F(x)$ となるとき，a から b (**積分区間**または**積分限界**) までの定積分は，

$\int_a^b f(x)dx = S$
(a) $f(x) > 0$ のとき

$\int_a^b f(x)dx = -S$
(b) $f(x) < 0$ のとき

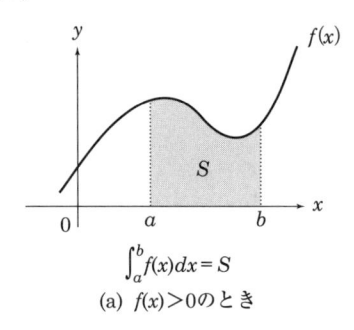

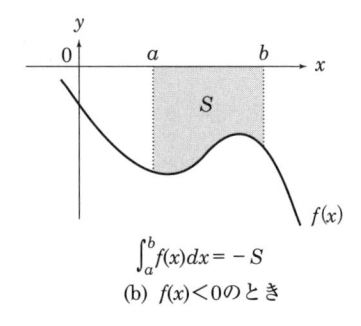

図5·6

$$\int_a^b f(x)\,dx = \bigl[F(x)\bigr]_a^b = F(b) - F(a)$$

と表される。定積分で計算される値は図 5·6 のように関数 $f(x)$ と x 軸にはさまれた部分の面積となる。

《5-14》定積分の公式

$$\int_a^b f(x)\,dx = \bigl[F(x)\bigr]_a^b = F(b) - F(a)$$

(2) 定積分の性質

定積分には次のような性質がある。

《5-15》定積分の性質

$$\int_a^a f(x)\,dx = 0 \quad (\text{積分区間が同一の時})$$

$$\int_a^b f(x)\,dx = -\int_b^a f(x)\,dx \quad (\text{積分区間の交換})$$

$$\int_a^b k \cdot f(x)\,dx = k\int_a^b f(x)\,dx$$

$$\int_a^b \{f(x) \pm g(x)\}\,dx = \int_a^b f(x)\,dx \pm \int_a^b g(x)\,dx \quad (\text{複合同順})$$

$$\int_{-a}^a f(x)\,dx = 2\int_0^a f(x)\,dx \quad (f(x) \text{ が偶関数の場合})$$

偶関数とは $f(x) = f(-x)$ が成り立つ関数:$f(x) = x^2$,$f(x) = \cos x$ など

$$\int_{-a}^a f(x)\,dx = 0 \quad (f(x) \text{ が奇関数の場合})$$

奇関数とは $f(x) = -f(-x)$ が成り立つ関数:$f(x) = x^3$,$f(x) = \sin x$ など

例題 5.18 次の定積分を計算しなさい。

(1) $\displaystyle\int_1^3 (x+2)\,dx$ (2) $\displaystyle\int_2^3 (x^2+x+1)\,dx$ (3) $\displaystyle\int_0^\pi \sin x\,dx$

解答

定積分の公式を利用する。

(1) $\int_1^3 (x+2)dx = \left[\dfrac{x^2}{2}+2x\right]_1^3 = \left(\dfrac{9}{2}+6\right)-\left(\dfrac{1}{2}+2\right) = \dfrac{21}{2}-\dfrac{5}{2} = \dfrac{16}{2} = 8$

(2) $\int_2^3 (x^2+x+1)dx = \left[\dfrac{x^3}{3}+\dfrac{x^2}{2}+x\right]_2^3 = \left(\dfrac{27}{3}+\dfrac{9}{2}+3\right)-\left(\dfrac{8}{3}+2+2\right)$

$= \dfrac{99}{6}-\dfrac{20}{3} = \dfrac{99}{6}-\dfrac{40}{6} = \dfrac{59}{6}$

(3) $\int_0^\pi \sin x\,dx = \left[-\cos x\right]_0^\pi = (-\cos \pi)-(-\cos 0) = 1-(-1) = 2$

問 5-16 次の定積分を計算しなさい。

(1) $\int_0^2 (x^2+4)dx$ (2) $\int_4^4 (x^3-x+3)dx$

(3) $\int_0^\pi \cos x\,dx$ (4) $\int_1^\varepsilon \dfrac{1}{x}dx$

例題 5.19 図5·7において，半径 r [m] の1巻の円形コイルに I [A] の電流を流したとき，円形コイルの中心軸上の磁界の強さはいくらか。

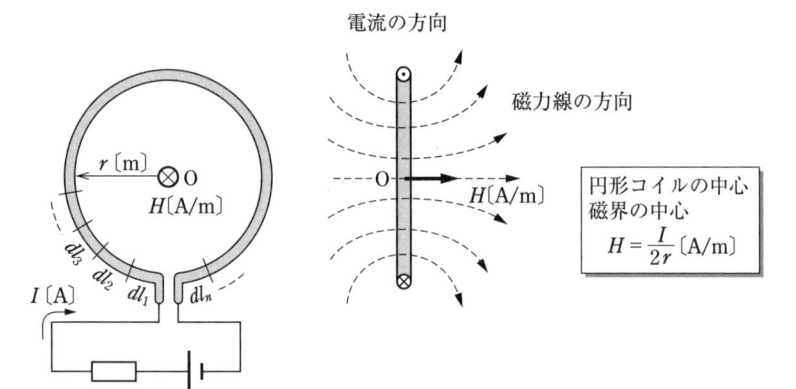

図5·7 円形コイルの中心磁界の強さ

〈円形コイルの中心磁界の強さ〉

いま、円形コイルの円周上の微小線素 dl が作る、中心軸上の磁界の強さ dH は、ビオ・サバールの法則から、

$$dH = \frac{I\sin\theta}{4\pi r^2}dl \text{ [A/m]}$$

となる。この式を $\theta = 90°$(中心軸上から微小線素の接線を結ぶ線のなす角)、微小線素 dl を円周上(0 から $2\pi r$)で積分することで中心磁界の強さを求めることができる。

解答

$$H = \int_0^{2\pi r} \frac{I\sin 90°}{4\pi r^2}dl = \frac{I}{4\pi r^2}\int_0^{2\pi r} 1\,dl = \frac{I}{4\pi r^2}\left[l\right]_0^{2\pi r}$$

$$= \frac{I}{4\pi r^2}(2\pi r - 0) = \frac{I}{4\pi r^2}\cdot 2\pi r = \frac{I}{2r} \text{ [A/m]}$$

例題 5.20 図 5·8 のように半径 r_a [m] の導体の外側に半径 r_b [m] の同軸円筒の導体がある。その中間に誘電率 ε の誘電体が入っているときの静電容量を求めなさい。

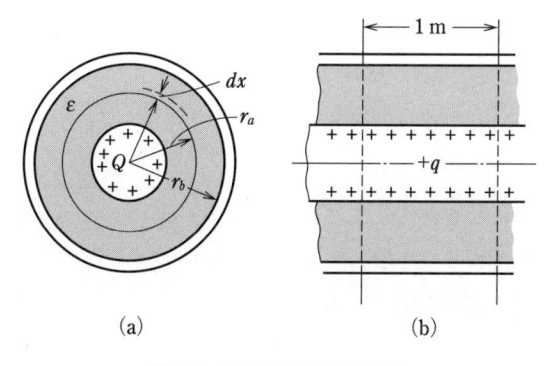

図5·8 円軸円筒の静電容量

〈同軸円筒の静電容量〉

同軸円筒内の電位を計算することで静電容量を求めることができる。電位の計算は、

$$V = -\int E dx$$

まず，中心から x〔m〕離れた点の電束密度 D_x および電界の強さ E_x は，単位長さ当たり q〔C〕の電束が放射されているから，

$$D_x = \frac{q}{2\pi x \times 1} = \frac{q}{2\pi x} \text{〔C/m}^2\text{〕}, \quad E_x = \frac{D_x}{\varepsilon} = \frac{q}{2\pi x \varepsilon} \text{〔V/m〕}$$

したがって，x〔m〕のところに微小距離 dx を考えれば，この間の電位は，

$$V = -\int E_x dx$$

となる。

解答 ‥‥‥‥‥‥‥‥‥‥‥‥‥‥‥‥‥‥‥‥‥‥‥‥‥‥‥‥‥‥‥‥‥‥‥‥

この電位を r_a から r_b まで積分すると，

$$V = -\int_{r_b}^{r_a} E_x dx = \int_{r_a}^{r_b} E_x dx = \int_{r_a}^{r_b} \frac{q}{2\pi \varepsilon x} dx = \frac{q}{2\pi \varepsilon} \int_{r_a}^{r_b} \frac{1}{x} dx$$
$$= \frac{q}{2\pi \varepsilon} \Bigl[\log x\Bigr]_{r_a}^{r_b} = \frac{q}{2\pi \varepsilon}(\log r_b - \log r_a) = \frac{q}{2\pi \varepsilon} \log \frac{r_b}{r_a} \text{〔V〕}$$

よって，静電容量は，

$$C = \frac{q}{V} = 2\pi \varepsilon \cdot \frac{1}{\log \dfrac{r_b}{r_a}} \text{〔F〕}$$

(3) 置換積分法（定積分）

不定積分で学習した置換積分法と同様に計算する。ただし，関数を置き換えたときに積分区間も変わってくることに注意する必要がある。

《5-16》置換積分法（定積分）の公式

$x = g(t)$ のとき，

$$\int_a^b f(x) dx = \int_\alpha^\beta f\{g(t)\} \cdot g'(t) dt = \int_\alpha^\beta f\{g(t)\} \cdot \frac{dx}{dt} dt$$

積分区間 $a = g(\alpha)$, $b = g(\beta)$

(4) 部分積分法（定積分）

不定積分で学習した部分積分法と同様に計算する。

《5-17》部分積分法の公式

$$\int_a^b f(x)' \cdot g(x)\,dx = \left[f(x) \cdot g(x)\right]_a^b - \int_a^b f(x) \cdot g(x)'\,dx$$

例題 5.21 次の定積分を（ ）内の方法で求めなさい。

(1) $\int_1^2 (3x+5)^2 dx$ （置換積分法）　　(2) $\int_1^2 x^2 \log x\,dx$ （部分積分法）

解答

(1) $t = 3x+5$ とおく，また，$\dfrac{dx}{dt} = \dfrac{1}{3}$ である。

積分区間は，$t = 3x+5$ より，

x の積分区間	$a \to b$	$1 \to 2$
t の積分区間	$\alpha \to \beta$	$8 \to 11$

$$\int_1^2 (3x+4)^2 dx = \int_8^{11} t^2 \cdot \frac{dx}{dt} dt = \int_8^{11} t^2 \cdot \frac{1}{3} dt = \frac{1}{3}\int_8^{11} t^2 dt = \frac{1}{3}\left[\frac{x^3}{3}\right]_8^{11}$$

$$= \frac{1}{3}\left(\frac{1331}{3} - \frac{512}{3}\right) = \frac{1}{3} \cdot \frac{819}{3} = \frac{819}{9} = 91$$

(2) $f'(x) = x^2$，$g(x) = \log x$ とおくと，$f(x) = \dfrac{1}{3}x^3$，$g'(x) = \dfrac{1}{x}$ となる。

$$\int_1^2 x^2 \log x\,dx = \left[\frac{1}{3}x^3 \log x\right]_1^2 - \int_1^2 \frac{1}{3}x^3 \cdot \frac{1}{x}\,dx$$

$$= \left(\frac{8}{3}\log 2 - \frac{1}{3}\log 1\right) - \frac{1}{3}\int_1^2 x^2 dx = \frac{8}{3}\log 2 - \frac{1}{3}\left[\frac{1}{3}x^3\right]_1^2$$

$$= \frac{8}{3}\log 2 - \frac{1}{3}\left(\frac{8}{3} - \frac{1}{3}\right) = \frac{8}{3}\log 2 - \frac{1}{3} \cdot \frac{7}{3} = \frac{8}{3}\log 2 - \frac{7}{9}$$

問 5-17 次の定積分を（ ）内の方法で求めなさい。

(1) $\int_0^1 3x^2(x^3+1)^2 dx$ （置換積分法）

(2) $\int_1^\varepsilon \frac{(\log x)^2}{x} dx$ （置換積分法）

(3) $\int_0^1 x\varepsilon^{-x} dx$ （部分積分法）

(4) $\int_0^2 (2-x)\varepsilon^{2x} dx$ （部分積分法）

━━━━━━━━━━━━ 章末問題⑤ ━━━━━━━━━━━━

1. 次の関数の極限値を求めなさい。

(1) $\lim_{x \to 0}(3x+2)^2$ (2) $\lim_{x \to 1}\frac{x^2+2x-3}{x^2-1}$ (3) $\lim_{x \to 0}\varepsilon^x$ (4) $\lim_{x \to 1}\log x$

2. 次の関数を微分しなさい。

(1) $f(x) = 6x^3 - 2x^2 + x + 9$

(2) $f(x) = \sqrt[4]{(x^4+3)}$

(3) $f(x) = \dfrac{x-2}{2x^2+1}$

(4) $f(x) = (x^4+3)^5$

(5) $f(x) = \sqrt[6]{x}$

(6) $f(x) = (2x^2+4)(x+3)$

(7) $f(x) = x^3 \sin x$

(8) $f(x) = \log(x^2+2)$

3. 次の不定積分を計算しなさい。

(1) $\int (x^2-1) dx$

(2) $\int (2x+3)^3 dx$

(3) $\int \sqrt{x} \log x\, dx$

(4) $\int \sin\left(x+\dfrac{\pi}{2}\right) dx$

第 5 章　微分・積分と電磁気学

4. 次の定積分を計算しなさい。

(1) $\displaystyle\int_{-1}^{2}(x^2-x)dx$ (2) $\displaystyle\int_{0}^{1}(\varepsilon^x+\varepsilon^{-x})dx$

(3) $\displaystyle\int_{0}^{1}\frac{x^2}{(x^3+4)^2}dx$ (4) $\displaystyle\int_{1}^{\varepsilon}x^3\log x\,dx$

5. 図5・9のように，自己インダクタンスが L〔H〕のコイルに交流電流 $i=I\sin\left(\omega t+\dfrac{\pi}{4}\right)$〔A〕が流れたとき，コイルに誘導される自己誘導起電力を求めなさい。

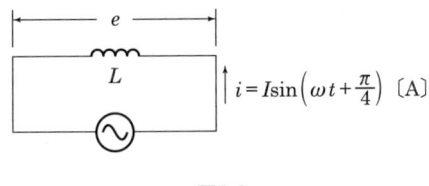

図5・9

《p.99「例題 5.11　自己インダクタンスの自己誘導起電力」参照》

6. 図5・10のように，コンデンサの静電容量が C〔F〕の回路に交流電圧 $e=E\sin\left(\omega t-\dfrac{\pi}{2}\right)$〔V〕を加えたとき，回路に流れる電流を求めなさい。

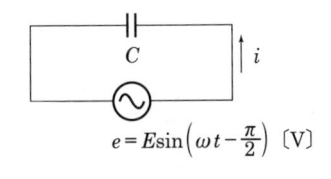

図5・10

《p.99「例題 5.12　コンデンサ回路に流れる電流」参照》

7. 正弦波交流 $i(\theta)=I_m\sin\theta$〔A〕（周期：$T=2\pi$）の平均値と実効値を計算しなさい。平均値と実効値を求める式は，以下のとおりである。

$$\text{平均値}=\frac{\displaystyle\int_{0}^{\frac{T}{2}}i(\theta)d\theta}{\dfrac{T}{2}} \qquad \text{実効値}=\sqrt{\frac{\displaystyle\int_{0}^{T}i(\theta)^2 d\theta}{T}}$$

問と章末問題の解答

● 第1章

問 1-1 (1) $A+B=(3x+4)+(x^2+3x-8)=x^2+3x+3x+4-8=x^2+6x-4$

(2) $B+C=(x^2+3x-8)+(2x^2+6x)=x^2+2x^2+3x+6x-8=3x^2+9x-8$

(3) $C-A=(2x^2+6x)-(3x+4)=2x^2+6x-3x-4=2x^2+3x-4$

(4) $B-A=(x^2+3x-8)-(3x+4)=x^2+3x-3x-8-4=x^2-12$

問 1-2 (1) 直列接続の合成抵抗はそれぞれの抵抗値の総和に等しいので，
$$R_S=R_1+R_1+R_1+R_2+R_3+R_3=3R_1+R_2+2R_3 [\Omega]$$

(2) (1)の整式を利用して，
$$R_S=3R_1+R_2+2R_3=3\times3+5+2\times2=9+5+4=18 [\Omega]$$

問 1-3 (1) $(2x+3y)(3x-y)=6x^2-2xy+9xy-3y^2=6x^2+7xy-3y^2$

(2) $(x+1)^3=x^3+3x^2+3x+1$　　(3) $(6x+1)^2=36x^2+12x+1$

問 1-4 (1) $x^2-16=(x+4)(x-4)$　　(2) $x^2-x-2=(x-2)(x+1)$

(3) $x^2-6x+9=(x-3)^2$

問 1-5 (1) 3 の倍数=3, 6, 9, 12, 15, 18, …

4 の倍数=4, 8, 12, 16, 20, 24, …

3 と 4 の最小公倍数は 12

(2) 4 の倍数=4, 8, 12, 16, 20, 24, …

6 の倍数=6, 12, 18, 24, 30, 36, …

4 と 6 の最小公倍数は 12

(3) 6 の約数=1, 2, 3, 6

9 の約数=1, 3, 9

6 と 9 の最大公約数は 3

(4) 30 の約数=1, 2, 3, 5, 6, 10, 15, 30

45 の約数=1, 3, 5, 9, 15, 45

30 と 45 の最大公約数は 15

問 1-6 (1) $\dfrac{4}{9}-\dfrac{2}{7}=\dfrac{28}{63}-\dfrac{18}{63}=\dfrac{10}{63}$

(2) $\dfrac{5}{14}+\left(\dfrac{6}{7}-\dfrac{1}{8}\right)=\dfrac{20}{56}+\left(\dfrac{48}{56}-\dfrac{7}{56}\right)=\dfrac{20}{56}+\dfrac{41}{56}=\dfrac{61}{56}\ \left(=1\dfrac{5}{56}\right)$

(3) $\dfrac{1}{60}-\dfrac{1}{6}+\dfrac{1}{12}-\dfrac{3}{5}=\dfrac{1}{60}-\dfrac{10}{60}+\dfrac{5}{60}-\dfrac{36}{60}=-\dfrac{40}{60}=-\dfrac{2}{3}$

問 1-7 (1) $\dfrac{3}{16}\times\dfrac{12}{25}=\dfrac{3\times 12}{16\times 25}=\dfrac{36}{400}=\dfrac{9}{100}$

(2) $\dfrac{3}{11}\div\dfrac{9}{16}=\dfrac{3\times 16}{11\times 9}=\dfrac{48}{99}=\dfrac{16}{33}$

(3) $\dfrac{3}{4}\times\dfrac{6}{19}\div\dfrac{5}{14}=\dfrac{3\times 6\times 14}{4\times 19\times 5}=\dfrac{252}{380}=\dfrac{63}{95}$

問 1-8 並列接続の合成抵抗はそれぞれの抵抗値の逆数の和の逆数に等しいので，

$$\dfrac{1}{R_P}=\dfrac{1}{R_1}+\dfrac{1}{R_2}=\dfrac{R_2}{R_1R_2}+\dfrac{R_1}{R_1R_2}=\dfrac{R_1+R_2}{R_1R_2}$$

$\therefore\ R_P=\dfrac{R_1R_2}{R_1+R_2}=\dfrac{3\times 5}{3+5}=\dfrac{15}{8}=1.875\,[\Omega]$

問 1-9 (1) $123^0=1$ (2) $2^{-1}=\dfrac{1}{2}=0.5$

(3) $\dfrac{x^4}{x^6}=x^{4-6}=x^{-2}=\dfrac{1}{x^2}$ (4) $3^5=3\times 3\times 3\times 3\times 3=243$

問 1-10 $R=1.2\,[\mathrm{M}\Omega]=1.2\times 10^6\,[\Omega]$，$I=100\,[\mu\mathrm{A}]=100\times 10^{-6}\,[\mathrm{A}]$

オームの法則より，

$$V=IR=1.2\times 10^6\times 100\times 10^{-6}=1.2\times 100\times 10^{6-6}$$
$$=1.2\times 100\times 10^0=120\,[\mathrm{V}]$$

問 1-11 (1) $\log_{10}1000=3$

(2) $\log_{12}\sqrt{12}=\log_{12}12^{\frac{1}{2}}=\dfrac{1}{2}\log_{12}12=\dfrac{1}{2}$

(3) $\log_2 0.5=\log_2 2^{-1}=-1\log_2 2=-1$

(4) $\log_8 64=\log_8 8^2=2\log_8 8=2$

問 1-12 (1) $\log_2 \dfrac{4}{5} + \log_2 40 = \log_2 \left(\dfrac{4}{5} \times 40\right) = \log_2 32 = \log_2 2^5 = 5 \log_2 2 = 5$

(2) $\log_6 2 + \log_6 18 - 2\log_6 \sqrt{216} = \log_6 (2 \times 18) - 2\log_6 \sqrt{216}$

$\qquad\qquad\qquad\qquad\qquad = \log_6 36 - \log_6 (\sqrt{216})^2 = \log_6 \left(\dfrac{36}{216}\right) = \log_6 \dfrac{1}{6}$

$\qquad\qquad\qquad\qquad\qquad = \log_6 6^{-1} = -1 \log_6 6 = -1$

問 1-13 $V_i = 40 \text{(mV)} = 40 \times 10^{-3} \text{(V)}$, $V_o = 0.4 \text{(V)}$

$\qquad$電圧利得 $= 20 \log_{10} \dfrac{V_o}{V_i} = 20 \log_{10} \dfrac{0.4}{40 \times 10^{-3}} = 20 \log_{10} 0.01 \times 10^3$

$\qquad\qquad\qquad = 20 \log_{10} 10 = 20 \text{(dB)}$

問 1-14 (1) $(-\sqrt{47})^2 = 47$ $\qquad\qquad$ (2) $(-\sqrt{31})^2 = -31$

(3) $\sqrt{5} \times \sqrt{7} \times \dfrac{\sqrt{8}}{\sqrt{7}} = \dfrac{\sqrt{5} \times \sqrt{7} \times \sqrt{8}}{\sqrt{7}} = \sqrt{40} = \sqrt{2^2 \times 10} = 2\sqrt{10}$

(4) $\sqrt{12} \times \dfrac{\sqrt{2}}{\sqrt{5}} \times \sqrt{3} = \dfrac{\sqrt{12} \times \sqrt{2} \times \sqrt{3}}{\sqrt{5}} = \dfrac{\sqrt{72}}{\sqrt{5}} = \dfrac{6\sqrt{2}}{\sqrt{5}} \left(= \dfrac{6\sqrt{2} \times \sqrt{5}}{\sqrt{5} \times \sqrt{5}} = \dfrac{6\sqrt{10}}{5}\right)$

問 1-15 $V = 120 \text{(V)}$

$\qquad V_m = \sqrt{2}\, V = \sqrt{2} \times 120 = 1.414 \times 120 = 169.68 \text{(V)}$

問 1-16 $I_P = 12 \text{(A)}$

$\qquad I_l = \sqrt{3}\, I_P = \sqrt{3} \times 12 = 1.732 \times 12 = 20.784 \text{(A)}$

問 1-17 (1) $\dfrac{2}{\sqrt{3}} = \dfrac{2 \times \sqrt{3}}{\sqrt{3} \times \sqrt{3}} = \dfrac{2\sqrt{3}}{3}$ $\qquad$ (2) $\dfrac{\sqrt{11}}{\sqrt{5}} = \dfrac{\sqrt{11} \times \sqrt{5}}{\sqrt{5} \times \sqrt{5}} = \dfrac{\sqrt{55}}{5}$

(3) $\dfrac{\sqrt{7}}{5-\sqrt{5}} = \dfrac{\sqrt{7}(5+\sqrt{5})}{(5-\sqrt{5})(5+\sqrt{5})} = \dfrac{5\sqrt{7}+\sqrt{35}}{25-5} = \dfrac{5\sqrt{7}+\sqrt{35}}{20}$

(4) $\dfrac{3+\sqrt{3}}{\sqrt{2}+4} = \dfrac{(3+\sqrt{3})(\sqrt{2}-4)}{(\sqrt{2}+4)(\sqrt{2}-4)} = \dfrac{3\sqrt{2}-12+\sqrt{6}-4\sqrt{3}}{2-16} = \dfrac{3\sqrt{2}+\sqrt{6}-4\sqrt{3}-12}{-14}$

問 1-18 (1) $87^{\frac{1}{4}} = \sqrt[4]{87}$ $\qquad\qquad$ (2) $33^{\frac{1}{3}} = \sqrt[3]{33}$

(3) $\sqrt[3]{5} \times \sqrt[4]{5} = 5^{\frac{1}{3}} \times 5^{\frac{1}{4}} = 5^{\left(\frac{1}{3}+\frac{1}{4}\right)} = 5^{\frac{7}{12}}$

(4) $\sqrt[4]{9} \times \sqrt[6]{9} = 9^{\frac{1}{4}} \times 9^{\frac{1}{6}} = 9^{\left(\frac{1}{4}+\frac{1}{6}\right)} = 9^{\frac{5}{12}}$

章末問題①

1. (1) $R_S = R_1 + R_2 + R_3 = 4 + 1 + 2 = 7$ [Ω]

    (2) $\dfrac{1}{R_P} = \dfrac{1}{R_1} + \dfrac{1}{R_2} + \dfrac{1}{R_3} = \dfrac{1}{4} + 1 + \dfrac{1}{2} = \dfrac{1}{4} + \dfrac{4}{4} + \dfrac{2}{4} = \dfrac{7}{4}$

    ∴ $R_P = \dfrac{4}{7} \fallingdotseq 0.571$ [Ω]

2. $R = 3$ [kΩ] $= 3 \times 10^3$ [Ω], $I = 15$ [mA] $= 15 \times 10^{-3}$ [A]

    ∴ $V = IR = 15 \times 10^{-3} \times 3 \times 10^3 = 15 \times 3 \times 10^{(-3+3)} = 45$ [V]

3. $V_i = 2$ [mV] $= 2 \times 10^{-3}$ [V], $V_o = 2$ [V]

    ∴ 電圧利得 $= 20 \log_{10} \dfrac{V_o}{V_i} = 20 \log_{10} \dfrac{2}{2 \times 10^{-3}} = 20 \log_{10} 10^3 = 60$ [dB]

    $I_i = 5$ [μA] $= 5 \times 10^{-6}$ [A], $I_o = 1$ [mA] $= 1 \times 10^{-3}$ [A]

    ∴ 電流利得 $= 20 \log_{10} \dfrac{I_o}{I_i} = 20 \log_{10} \dfrac{1 \times 10^{-3}}{5 \times 10^{-6}} = 20 \log_{10} 200 \fallingdotseq 46.02$ [dB]

4. $V_m = 70.71$ [V], $V_m = \sqrt{2}\, V$

    ∴ $V = \dfrac{V_m}{\sqrt{2}} = \dfrac{70.71}{\sqrt{2}} = \dfrac{70.71}{1.414} \fallingdotseq 50$ [V]

5. $I_P = 10$ [A]

    $I_l = \sqrt{3}\, I_P = \sqrt{3} \times 10 = 1.732 \times 10 = 17.32$ [A]

● **第2章**

問 2-1 (1) $3(x+2) = 4x$

　　　　　$3x + 6 = 4x$

　　　　　$3x - 4x = -6$

　　　　　$-x = -6$

　　　　∴ $x = 6$

(2) $\dfrac{1}{2}x + 4 = \dfrac{1}{4} + 3x$ 　（両辺に 4 をかける）

　　　　$2x + 16 = 1 + 12x$

　　　　$2x - 12x = 1 - 16$

　　　　$-10x = -15$

$$\therefore \quad x = \frac{15}{10} = 1.5$$

(3) $\dfrac{2x+7}{3} = \dfrac{x}{3}$　　（両辺に 3 をかける）

$$2x+7 = x$$
$$2x - x = -7$$
$$\therefore \quad x = -7$$

(4) $4(3x+1) = \dfrac{x-3}{3}$　　（両辺に 3 をかける）

$$12(3x+1) = x-3$$
$$36x + 12 = x - 3$$
$$36x - x = -3 - 12$$
$$35x = -15$$
$$\therefore \quad x = -\frac{15}{35} = -\frac{3}{7}$$

[問] 2-2　$R_1 R_3 = R_2 R_4$　　（ブリッジの平衡条件）

$$R_4 = \frac{R_1 R_3}{R_2} = \frac{1 \times 10^3 \times 450}{10} = \frac{450 \times 10^3}{10}$$
$$= 450 \times 10^2 = 45\,000\,[\Omega]\quad (=45\,[\text{k}\Omega])$$

[問] 2-3　(1) $\begin{cases} 3x + 4y = 18 & \cdots\cdots ① \\ 4x - 2y = 2 & \cdots\cdots ② \end{cases}$

式①＋（式②×2）

$$\begin{array}{r} 3x + 4y = 18 \quad \cdots\cdots ① \\ +)\ 8x - 4y = 4 \quad \cdots\cdots ②' \\ \hline 11x \phantom{{}-4y} = 22 \end{array}$$

$$x = 2 \quad \cdots\cdots ③$$

式③を式①に代入

$$3 \times 2 + 4y = 18$$
$$6 + 4y = 18$$
$$4y = 18 - 6$$
$$4y = 12$$
$$y = 3$$
$$\therefore \quad x = 2,\ y = 3$$

(2) $\begin{cases} 6x - 2y = 2.5 & \cdots\cdots\cdots ① \\ 9x + 16y = 8.5 & \cdots\cdots\cdots ② \end{cases}$

式①を x について解く

$$6x = 2.5 + 2y$$

$$x = \frac{2y + 2.5}{6} \quad \cdots\cdots\cdots ①'$$

式①' 式②に代入

$$9\left(\frac{2y + 2.5}{6}\right) + 16y = 8.5$$

$$\frac{18y + 22.5}{6} + 16y = 8.5 \quad (両辺に 6 をかける)$$

$$18y + 22.5 + 96y = 51$$

$$18y + 96y = 51 - 22.5$$

$$114y = 28.5$$

$$y = 0.25 \quad \cdots\cdots\cdots ③$$

式③を式①に代入

$$6x - 2 \times 0.25 = 2.5$$

$$6x - 0.5 = 2.5$$

$$6x = 2.5 + 0.5$$

$$6x = 3.0$$

$$x = 0.5$$

∴ $x = 0.5$, $y = 0.25$

問2-4 分岐点 a においてキルヒホッフの第1法則を適用すると，

$$I_1 + I_2 + I_3 = 0$$

$$I_1 = -(I_2 + I_3) \quad \cdots\cdots\cdots ①$$

閉路①についてキルヒホッフの第2法則を適用すると，

$$-I_1 R_1 + I_2 R_2 = -E_1 + E_2$$

$$-8I_1 + 2I_2 = -18 + 2$$

$$-8I_1 + 2I_2 = -6 \quad \cdots\cdots\cdots ②$$

閉路②についてキルヒホッフの第2法則を適用すると，

$$-I_2 R_2 + I_3 R_3 = -E_2 + E_3$$

$$-2I_2 + 8I_3 = -12 + 6$$

$$-2I_2 + 8I_3 = -6 \quad \cdots\cdots\cdots ③$$

式①を式②に代入

$$-8(-I_2-I_3)+2I_2=-6$$
$$8I_2+8I_3+2I_2=-6$$
$$10I_2+8I_3=-6 \quad \cdots\cdots\text{②}'$$

式②′と式③で連立方程式を解く。

$$\begin{cases} 10I_2+8I_3=-6 & \cdots\cdots\text{②}' \\ -2I_2+8I_3=-6 & \cdots\cdots\text{③} \end{cases}$$

式②′−式③

$$\begin{array}{r} 10I_2+8I_3=-6 \\ -)\ -2I_2+8I_3=-6 \\ \hline 12I_2=0 \end{array}$$

$$I_2=0\,\text{[A]}\cdots\cdots\text{④}$$

式④を式②′に代入

$$10\times 0+8I_3=-6$$
$$8I_3=-6$$
$$I_3=-0.75\,\text{[A]}\cdots\cdots\text{⑤}$$

式⑤を式①に代入

$$I_1=-(I_2+I_3)=-(0-0.75)=0.75\,\text{[A]}$$

∴ $I_1=0.75\,\text{[A]}$, $I_2=0\,\text{[A]}$, $I_3=-0.75\,\text{[A]}$

問 2-5 (1) $\frac{1}{3}x^2-3=0$ （両辺を3倍する）

$x^2-9=0$ （因数分解を利用）

$(x-3)(x+3)=0$

∴ $x=\pm 3$

(2) $4x^2+2x=0$ （解の公式を利用）

$$x=\frac{-b\pm\sqrt{b^2-4ac}}{2a}$$

$$x=\frac{-2\pm\sqrt{2^2-4\times 4\times 0}}{2\times 4}=\frac{-2\pm\sqrt{4}}{8}=\frac{-2\pm 2}{8} \quad \left(-\frac{4}{8},\ 0\right)$$

∴ $x=0,\ -\frac{1}{4}$

(3) $3x^2+9x-5=0$　　（解の公式を利用）

$$x=\frac{-9\pm\sqrt{9^2-4\times 3\times(-5)}}{2\times 3}=\frac{-9\pm\sqrt{141}}{6}$$

∴　$x=\dfrac{-9\pm\sqrt{141}}{6}$

(4) $x^2-36=0$　　（因数分解を利用）

$$(x+6)(x-6)=0$$

∴　$x=\pm 6$

問 2-6　$R=3$〔Ω〕, $t=45$〔s〕, $H=540$〔J〕, $H=I^2Rt$ より,

$$I^2=\frac{H}{Rt}$$

∴　$I=\sqrt{\dfrac{H}{Rt}}=\sqrt{\dfrac{540}{3\times 45}}=2$〔A〕

問 2-7　(1) $\begin{pmatrix}-3 & 5\\ 2 & 10\end{pmatrix}+\begin{pmatrix}0 & 12\\ 3 & 4\end{pmatrix}=\begin{pmatrix}-3+0 & 5+12\\ 2+3 & 10+4\end{pmatrix}=\begin{pmatrix}-3 & 17\\ 5 & 14\end{pmatrix}$

(2) $\begin{pmatrix}6 & 23\\ 10 & 6\end{pmatrix}-\begin{pmatrix}5 & 13\\ 4 & 2\end{pmatrix}+\begin{pmatrix}1 & 0\\ 2 & -2\end{pmatrix}=\begin{pmatrix}6-5+1 & 23-13+0\\ 10-4+2 & 6-2+(-2)\end{pmatrix}=\begin{pmatrix}2 & 10\\ 8 & 2\end{pmatrix}$

(3) $\begin{pmatrix}12 & 16\\ 6 & 11\end{pmatrix}\begin{pmatrix}4\\ 24\end{pmatrix}=\begin{pmatrix}12\times 4+16\times 24\\ 6\times 4+11\times 24\end{pmatrix}=\begin{pmatrix}432\\ 288\end{pmatrix}$

問 2-8　(1) $\begin{vmatrix}6 & 3\\ 5 & -1\end{vmatrix}=6\times(-1)-3\times 5=-6-15=-21$

(2) $\begin{vmatrix}a & b\\ a & c\end{vmatrix}=ac-ab$

(3) $\begin{vmatrix}1 & -2 & 1\\ 3 & 5 & 0\\ -4 & 0 & 2\end{vmatrix}=1\times 5\times 2+(-2)\times 0\times(-4)+1\times 0\times 3\\ -1\times 5\times(-4)-(-2)\times 3\times 2-1\times 0\times 0=42$

問 2-9　(1) $\begin{pmatrix}0.5 & 1\\ 4 & 9\end{pmatrix}\begin{pmatrix}x\\ y\end{pmatrix}=\begin{pmatrix}9\\ 90\end{pmatrix}$

$$x=\frac{\begin{vmatrix}9 & 1\\ 90 & 9\end{vmatrix}}{\begin{vmatrix}0.5 & 1\\ 4 & 9\end{vmatrix}}=\frac{81-90}{4.5-4}=\frac{-9}{0.5}=-18$$

$$y=\frac{\begin{vmatrix} 0.5 & 9 \\ 4 & 90 \end{vmatrix}}{\begin{vmatrix} 0.5 & 1 \\ 4 & 9 \end{vmatrix}}=\frac{45-36}{4.5-4}=\frac{9}{0.5}=18$$

(2) $\begin{pmatrix} 3 & 1 & -1 \\ 1 & 2 & 0 \\ 4 & 0 & 1 \end{pmatrix}\begin{pmatrix} x \\ y \\ z \end{pmatrix}=\begin{pmatrix} 6 \\ 5 \\ 0 \end{pmatrix}$

$$|D|=\begin{vmatrix} 3 & 1 & -1 \\ 1 & 2 & 0 \\ 4 & 0 & 1 \end{vmatrix}=3\times 2\times 1+1\times 0\times 4+(-1)\times 0\times 1$$
$$-(-1)\times 2\times 4-1\times 1\times 1-3\times 0\times 0=13$$

$$x=\frac{\begin{vmatrix} 6 & 1 & -1 \\ 5 & 2 & 0 \\ 0 & 0 & 1 \end{vmatrix}}{|D|}=\frac{7}{13} \qquad y=\frac{\begin{vmatrix} 3 & 6 & -1 \\ 1 & 5 & 0 \\ 4 & 0 & 1 \end{vmatrix}}{|D|}=\frac{29}{13} \qquad z=\frac{\begin{vmatrix} 3 & 1 & 6 \\ 1 & 2 & 5 \\ 4 & 0 & 0 \end{vmatrix}}{|D|}=-\frac{28}{13}$$

章末問題②

1. ブリッジの平衡条件
$$R_1R_3=R_2R_4$$
$$R_4=\frac{R_1R_3}{R_2}=\frac{1\times 10^3\times 60}{10}=6\,000\,[\Omega]=6\times 10^3\,[\Omega]=6\,[k\Omega]$$

2. 接続点 b において，キルヒホッフの第 1 法則を適用すると，
$$I_3=I_1+I_2 \quad\cdots\cdots\cdots ①$$
閉路①においてキルヒホッフの第 2 法則を適用すると，
$$0.2I_1-0.1I_2=4-1.9$$
$$0.2I_1-0.1I_2=2.1 \quad\cdots\cdots\cdots ②$$
閉路②においてキルヒホッフの第 2 法則を適用すると，
$$0.1I_2+0.8I_3=1.9 \quad\cdots\cdots\cdots ③$$
式①を式③に代入
$$0.1I_2+0.8(I_1+I_2)=1.9$$
$$0.1I_2+0.8I_1+0.8I_2=1.9$$
$$0.8I_1+0.9I_2=1.9 \quad\cdots\cdots\cdots ③'$$
式②と式③'で連立方程式を解く。

$$\begin{cases} 0.2I_1-0.1I_2=2.1 & \cdots\cdots\cdots ② \\ 0.8I_1+0.9I_2=1.9 & \cdots\cdots\cdots ③' \end{cases}$$

式②×4－式③′

$$0.8I_1-0.4I_2=8.4$$
$$-)\ 0.8I_1+0.9I_2=1.9$$
$$\overline{\qquad -1.3I_2=6.5}$$
$$I_2=-5 \text{〔A〕} \cdots\cdots\cdots ④$$

式④を式②に代入

$$0.2I_1-0.1\times(-5)=2.1$$
$$0.2I_1+0.5=2.1$$
$$0.2I_1=1.6$$
$$I_1=8 \text{〔A〕} \cdots\cdots\cdots ⑤$$

式④，⑤を式①に代入

$$I_3=I_1+I_2=8-5=3$$

∴ $I_1=8$〔A〕, $I_2=-5$〔A〕, $I_3=3$〔A〕

3. ジュールの法則 $H=I^2Rt$〔J〕より，

$$I^2=\frac{H}{Rt}$$

∴ $I=\sqrt{\dfrac{H}{Rt}}=\sqrt{\dfrac{60000}{1\times 10^3\times 15}}=2$〔A〕

4. $\begin{cases} 0.2I_1-0.1I_2=2.1 \\ 0.8I_1+0.9I_2=1.9 \end{cases}$

$$\begin{pmatrix} 0.2 & -0.1 \\ 0.8 & 0.9 \end{pmatrix}\begin{pmatrix} I_1 \\ I_2 \end{pmatrix}=\begin{pmatrix} 2.1 \\ 1.9 \end{pmatrix}$$

$$I_1=\frac{\begin{vmatrix} 2.1 & -0.1 \\ 1.9 & 0.9 \end{vmatrix}}{\begin{vmatrix} 0.2 & -0.1 \\ 0.8 & 0.9 \end{vmatrix}}=\frac{2.1\times 0.9-(-0.1)\times 1.9}{0.2\times 0.9-0.8\times(-0.1)}=\frac{1.89+0.19}{0.18+0.08}=\frac{2.08}{0.26}=8\text{〔A〕}$$

$$I_2=\frac{\begin{vmatrix} 0.2 & 2.1 \\ 0.8 & 1.9 \end{vmatrix}}{\begin{vmatrix} 0.2 & -0.1 \\ 0.8 & 0.9 \end{vmatrix}}=\frac{0.2\times 1.9-2.1\times 0.8}{0.26}=\frac{-1.3}{0.26}=-5\text{〔A〕}$$

$I_3 = I_1 + I_2 = 8 - 5 = 3$ 〔A〕

∴ $I_1 = 8$ 〔A〕, $I_2 = -5$ 〔A〕, $I_3 = 3$ 〔A〕

第3章

[問] 3-1 (1) $\sin\theta = \dfrac{1}{\sqrt{2}}$, $\cos\theta = \dfrac{1}{\sqrt{2}}$, $\tan\theta = 1$

(2) $\sin\theta = \dfrac{1}{2}$, $\cos\theta = \dfrac{\sqrt{3}}{2}$, $\tan\theta = \dfrac{1}{\sqrt{3}}$

[問] 3-2 (1) 最大値 $I_m = 120$ 〔A〕, 実効値 $I = \dfrac{I_m}{\sqrt{2}} = \dfrac{120}{\sqrt{2}} \fallingdotseq 84.9$ 〔A〕

(2) 最大値 $V_m = 70.7$ 〔V〕, 実効値 $V = \dfrac{V_m}{\sqrt{2}} = \dfrac{70.7}{\sqrt{2}} \fallingdotseq 50$ 〔V〕

[問] 3-3 (1) $x = \dfrac{30°}{360°} \times 2\pi = \dfrac{\pi}{6}$ 〔rad〕 (2) $x = \dfrac{150°}{360°} \times 2\pi = \dfrac{5}{6}\pi$ 〔rad〕

(3) $x = \dfrac{90°}{360°} \times 2\pi = \dfrac{\pi}{2}$ 〔rad〕 (4) $x = \dfrac{270°}{360°} \times 2\pi = \dfrac{3}{2}\pi$ 〔rad〕

[問] 3-4 (1) 1 (2) $\dfrac{1}{\sqrt{2}}$ (3) $\dfrac{1}{\sqrt{3}}$ (4) $\dfrac{1}{2}$

[問] 3-5 (1) 実効値 $I = \dfrac{100}{\sqrt{2}} \fallingdotseq 70.7$ 〔A〕, 周波数 $f = \dfrac{\omega}{2\pi} = \dfrac{314.2}{2\pi} \fallingdotseq 50$ 〔Hz〕

(2) 実効値 $I = \dfrac{70.1}{\sqrt{2}} \fallingdotseq 49.6$ 〔A〕, 周波数 $f = \dfrac{\omega}{2\pi} = \dfrac{240\pi}{2\pi} = 120$ 〔Hz〕

[問] 3-6 e_1 の位相は $\left(\omega t + \dfrac{\pi}{2}\right)$, 初位相は $\dfrac{\pi}{2}$

e_2 の位相は ωt, 初位相は 0

e_1 と e_2 の位相差 $\theta_1 - \theta_2$ は, $\theta_1 - \theta_2 = \dfrac{\pi}{2} - 0 = \dfrac{\pi}{2}$ 〔rad〕

[問] 3-7 (1) $\sin 135° = \sin(180° - 45°) = \sin 45° = \dfrac{1}{\sqrt{2}}$

(2) $\tan 120° = \tan(180° - 60°) = -\tan 60° = -\sqrt{3}$

(3) $\cos 180° = \cos(180° - 0°) = -\cos 0° = -1$

(4) $\cos 150° = \cos(180° - 30°) = -\cos 30° = -\dfrac{\sqrt{3}}{2}$

問 3-8 $V=150$ [V], $I=3$ [A], $\cos\theta=0.75$

消費電力は,
$$P = VI\cos\theta = 150 \times 3 \times 0.75 = 337.5 \text{ [W]}$$

無効電力は,
$$Q = VI\sin\theta$$
$$\sin\theta = \sqrt{1-\cos^2\theta} = \sqrt{1-0.75^2} \fallingdotseq 0.66$$
$$Q = 150 \times 3 \times 0.66 = 297 \text{ [var]}$$

皮相電力は,
$$S = VI = 150 \times 3 = 450 \text{ [VA]}$$

または,
$$S = \sqrt{P^2+Q^2} = \sqrt{337.5^2+297^2} \fallingdotseq 450 \text{ [VA]}$$

問 3-9 (1) $\cos(\alpha-\beta) = \cos\{\alpha+(-\beta)\} = \cos\alpha\cos(-\beta) - \sin\alpha\sin(-\beta)$
$$= \cos\alpha\cos\beta + \sin\alpha\sin\beta$$

(2) $\tan(\alpha-\beta) = \dfrac{\sin\{\alpha+(-\beta)\}}{\cos\{\alpha+(-\beta)\}} = \dfrac{\sin\alpha\cos(-\beta)+\cos\alpha\sin(-\beta)}{\cos\alpha\cos(-\beta)-\sin\alpha\sin(-\beta)}$

$$= \dfrac{\sin\alpha\cos\beta - \cos\alpha\sin\beta}{\cos\alpha\cos\beta + \sin\alpha\sin\beta}$$

分母・分子を $\cos\alpha\cos\beta$ で割る。

$$= \dfrac{\dfrac{\sin\alpha\cos\beta}{\cos\alpha\cos\beta} - \dfrac{\cos\alpha\sin\beta}{\cos\alpha\cos\beta}}{\dfrac{\cos\alpha\cos\beta}{\cos\alpha\cos\beta} + \dfrac{\sin\alpha\sin\beta}{\cos\alpha\cos\beta}} = \dfrac{\tan\alpha - \tan\beta}{1 + \tan\alpha\tan\beta}$$

問 3-10 (1) $\sin 75° = \sin(30°+45°) = \sin 30°\cos 45° + \cos 30°\sin 45°$
$$= \dfrac{1}{2} \times \dfrac{1}{\sqrt{2}} + \dfrac{\sqrt{3}}{2} \times \dfrac{1}{\sqrt{2}} = \dfrac{1}{2\sqrt{2}} + \dfrac{\sqrt{3}}{2\sqrt{2}} = \dfrac{\sqrt{2}}{4} + \dfrac{\sqrt{6}}{4} = \dfrac{\sqrt{2}+\sqrt{6}}{4}$$

(2) $\cos 75° = \cos(30°+45°) = \cos 30°\cos 45° - \sin 30°\sin 45°$
$$= \dfrac{\sqrt{3}}{2} \times \dfrac{1}{\sqrt{2}} - \dfrac{1}{2} \times \dfrac{1}{\sqrt{2}} = \dfrac{\sqrt{3}}{2\sqrt{2}} - \dfrac{1}{2\sqrt{2}} = \dfrac{\sqrt{6}}{4} - \dfrac{\sqrt{2}}{4} = \dfrac{\sqrt{6}-\sqrt{2}}{4}$$

(3) $\tan 75° = \tan(30°+45°) = \dfrac{\tan 30° + \tan 45°}{1 - \tan 30°\tan 45°}$

$$= \dfrac{\dfrac{1}{\sqrt{3}}+1}{1-\dfrac{1}{\sqrt{3}} \times 1} = \dfrac{1+\dfrac{1}{\sqrt{3}}}{1-\dfrac{1}{\sqrt{3}}} = \dfrac{1+\dfrac{\sqrt{3}}{3}}{1-\dfrac{\sqrt{3}}{3}} = \dfrac{\dfrac{3+\sqrt{3}}{3}}{\dfrac{3-\sqrt{3}}{3}} = \dfrac{3+\sqrt{3}}{3-\sqrt{3}}$$

$$= \frac{(3+\sqrt{3})(3+\sqrt{3})}{(3-\sqrt{3})(3+\sqrt{3})} = \frac{9+6\sqrt{3}+3}{9-3} = \frac{12+6\sqrt{3}}{6} = 2+\sqrt{3}$$

問 3-11 　 $\dfrac{a}{\sin A} = \dfrac{c}{\sin C}$ 　（正弦定理より）

$$\frac{5}{\sin 60°} = \frac{c}{\sin 50°}$$

$$c = \frac{5}{\sin 60°} \times \sin 50° = 5 \times \frac{2}{\sqrt{3}} \times 0.766 \fallingdotseq 4.423 \text{〔cm〕}$$

問 3-12 　 $b^2 = a^2 + c^2 - 2ac\cos B$ 　（余弦定理より）

$$b^2 = 3^2 + 6^2 - 2 \times 3 \times 6 \cos 45° = 9 + 36 - 36 \times \frac{1}{\sqrt{2}} \fallingdotseq 19.54$$

$$b = \sqrt{19.54} \fallingdotseq 4.420 \text{〔cm〕}$$

問 3-13 　$\sin\theta = 0.8$ より，$\sin^2\theta - \cos^2\theta = 1$ を用いると，

$$\cos\theta = \sqrt{1-\sin^2\theta} = \sqrt{1-0.8^2} = 0.6$$

(1) 半角の公式より，

$$\cos^2\frac{\theta}{2} = \frac{\cos\theta + 1}{2} = \frac{0.6+1}{2} = \frac{1.6}{2} = 0.8$$

(2) 倍角の公式より，

$$\sin 2\theta = 2\sin\theta\cos\theta = 2 \times 0.8 \times 0.6 = 0.96$$

問 3-14 　(1) 積和公式より，

$$\cos\alpha\cos\beta = \frac{1}{2}\{\cos(\alpha+\beta) + \cos(\alpha-\beta)\}$$

$$\cos 3\theta\cos 4\theta = \frac{1}{2}\{\cos(3\theta+4\theta) + \cos(3\theta-4\theta)\} = \frac{1}{2}(\cos 7\theta + \cos\theta)$$

(2) 和積公式より，

$$\cos A - \cos B = -2\sin\left(\frac{A+B}{2}\right)\sin\left(\frac{A-B}{2}\right)$$

$$\cos 2\theta - \cos 4\theta = -2\sin\left(\frac{2\theta+4\theta}{2}\right)\sin\left(\frac{2\theta-4\theta}{2}\right)$$

$$= -2\sin 3\theta\sin(-\theta) = 2\sin 3\theta\sin\theta$$

問 3-15 　(1) $\sin^{-1} 1$

$$-\frac{\pi}{2} \leqq \sin^{-1}x \leqq \frac{\pi}{2} \quad (-1 \leqq x \leqq 1) \qquad \therefore \quad \sin^{-1} 1 = \frac{\pi}{2} \quad (90°)$$

(2) $\cos^{-1}\dfrac{1}{2}$

$$0 \leq \cos^{-1} x \leq \pi \quad (-1 \leq x \leq 1) \qquad \therefore \quad \cos^{-1}\frac{1}{2} = \frac{\pi}{3} \quad (60°)$$

(3) $\tan^{-1} 1$

$$-\frac{\pi}{2} \leq \tan^{-1} x \leq \frac{\pi}{2} \quad (-\infty < x < \infty) \qquad \therefore \quad \tan^{-1} 1 = \frac{\pi}{4} \quad (45°)$$

章末問題③

1. (1) $x = \dfrac{60°}{360°} \times 2\pi = \dfrac{\pi}{3}$ (2) $x = \dfrac{45°}{360°} \times 2\pi = \dfrac{\pi}{4}$

   (3) $\theta = \dfrac{1}{2\pi} \times \dfrac{\pi}{6} \times 360° = 30°$ (4) $\theta = \dfrac{1}{2\pi} \times \dfrac{\pi}{2} \times 360° = 90°$

2. (1) $\sin \pi = 0$ (2) $\cos \dfrac{\pi}{2} = 0$

   (3) $\tan \dfrac{\pi}{4} = 1$

3. (1) $e = 100 \sin(\omega t + \theta)$ 〔V〕

   最大値 $V_m = 100$ 〔V〕, 実効値 $V = \dfrac{100}{\sqrt{2}} \fallingdotseq 70.71$ 〔V〕

   (2) $i = 55 \sin \omega t$ 〔A〕

   最大値 $I_m = 55$ 〔A〕, 実効値 $I = \dfrac{I_m}{\sqrt{2}} = \dfrac{55}{\sqrt{2}} \fallingdotseq 38.89$ 〔A〕

4. $V = 60$ 〔V〕, $I = 1.5$ 〔A〕, $\cos \theta = 0.8$

   消費電力 $P = VI \cos \theta = 60 \times 1.5 \times 0.8 = 72$ 〔V〕

   無効電力 $Q = VI \sin \theta$

   $\sin \theta = \sqrt{1 - \cos^2 \theta} = \sqrt{1 - 0.8^2} = 0.6$

   $Q = 60 \times 1.5 \times 0.6 = 54$ 〔var〕

   皮相電力 $S = VI = 60 \times 1.5 = 90$ 〔VA〕

   または, $S = \sqrt{P^2 + Q^2} = \sqrt{72^2 + 54^2} = \sqrt{8100} = 90$ 〔VA〕

5. (1) $\sin 90° = \sin(30° + 60°) = \sin 30° \cos 60° + \cos 30° \sin 60°$

   $= \dfrac{1}{2} \times \dfrac{1}{2} + \dfrac{\sqrt{3}}{2} \times \dfrac{\sqrt{3}}{2} = \dfrac{1}{4} + \dfrac{3}{4} = 1$

   (2) $\cos 90° = \cos(30° + 60°) = \cos 30° \cos 60° - \sin 30° \sin 60°$

   $= \dfrac{\sqrt{3}}{2} \times \dfrac{1}{2} - \dfrac{1}{2} \times \dfrac{\sqrt{3}}{2} = \dfrac{\sqrt{3}}{4} - \dfrac{\sqrt{3}}{4} = 0$

6. $\cos\theta = \sqrt{1-\sin^2\theta} = \sqrt{1-0.6^2} = 0.8$

   (1) $\cos^2\dfrac{\theta}{2} = \dfrac{\cos\theta+1}{2} = \dfrac{0.8+1}{2} = \dfrac{1.8}{2} = 0.9$

   (2) $\sin 2\theta = 2\sin\theta\cos\theta = 2\times 0.6\times 0.8 = 0.96$

7. (1) $\cos 4\theta \sin 6\theta = \dfrac{1}{2}\{\sin(4\theta+6\theta) - \sin(4\theta-6\theta)\} = \dfrac{1}{2}(\sin 10\theta + \sin 2\theta)$

   (2) $\sin 3\theta - \sin 7\theta = 2\cos\left(\dfrac{3\theta+7\theta}{2}\right)\sin\left(\dfrac{3\theta-7\theta}{2}\right) = -2\cos 5\theta \sin 2\theta$

8. (1) $\sin^{-1}\dfrac{1}{\sqrt{2}}$

   $-\dfrac{\pi}{2} \leq \sin^{-1}x \leq \dfrac{\pi}{2}$ $(-1 \leq x \leq 1)$ $\quad\therefore\ \sin^{-1}\dfrac{1}{\sqrt{2}} = \dfrac{\pi}{4}$ $(45°)$

   (2) $\cos^{-1}1$

   $0 \leq \cos^{-1}x \leq \pi$ $(-1 \leq x \leq 1)$ $\quad\therefore\ \cos^{-1}1 = 0$ $(0°)$

   (3) $\tan^{-1}\dfrac{1}{\sqrt{3}}$

   $-\dfrac{\pi}{2} \leq \tan^{-1}x \leq \dfrac{\pi}{2}$ $(-\infty < x < \infty)$ $\quad\therefore\ \tan^{-1}\dfrac{1}{\sqrt{3}} = \dfrac{\pi}{6}$ $(30°)$

第4章

[問] 4-1 (1) $\sqrt{-7} = \sqrt{-1}\times\sqrt{7} = j\sqrt{7}$ (2) $\sqrt{-16} = \sqrt{-1}\times\sqrt{16} = j4$
(3) $\sqrt{-121} = \sqrt{-1}\times\sqrt{121} = j11$ (4) $\sqrt{-9} = \sqrt{-1}\times\sqrt{9} = j3$

[問] 4-2 (1) $j^5 = j^2\times j^2\times j = -1\times(-1)\times j = j$

(2) $j^8 = j^2\times j^2\times j^2\times j^2 = -1\times(-1)\times(-1)\times(-1) = 1$

(3) $\dfrac{1}{j^{10}} = \dfrac{1}{j^2}\times\dfrac{1}{j^2}\times\dfrac{1}{j^2}\times\dfrac{1}{j^2}\times\dfrac{1}{j^2} = -1\times(-1)\times(-1)\times(-1)\times(-1) = -1$

(4) $\dfrac{1}{j^4} = \dfrac{1}{j^2}\times\dfrac{1}{j^2} = -1\times(-1) = 1$

[問] 4-3 (1) $\dot{A} - \dot{B} = (6+j2) + (2-j3) = 6+2+j2-j3 = 8-j$

(2) $\dot{A} - \dot{B} = (6+j2) - (2-j3) = 6-2+j2+j3 = 4+j5$

(3) $\dot{A}\times\dot{B} = (6+j2)(2-j3) = 12-j18+j4+6 = 12+6-j18+j4 = 18-j14$

(4) $\dfrac{\dot{A}}{\dot{B}} = \dfrac{6+j2}{2-j3} = \dfrac{(6+j2)(2+j3)}{(2-j3)(2+j3)} = \dfrac{12+j18+j4-6}{4+9} = \dfrac{6+j22}{13}$

問 4-4
$$\dot{Z}_S = \dot{Z}_1 + \dot{Z}_2 = (5+j5) + (9+j3) = 5+9+j5+j3 = 14+j8 \ [\Omega]$$
$$\dot{Z}_P = \frac{\dot{Z}_1 \dot{Z}_2}{\dot{Z}_1 + \dot{Z}_2} = \frac{(5+j5)(9+j3)}{(5+j5)+(9+j3)} = \frac{45+j15+j45-15}{14+j8} = \frac{30+j60}{14+j8}$$
$$= \frac{(30+j60)(14-j8)}{(14+j8)(14-j8)} = \frac{420-j240+j840+480}{196+64} = \frac{900+j600}{260}$$
$$\fallingdotseq 3.46+j2.31 \ [\Omega]$$

問 4-5
(1) $\dot{A} = 4+j$　大きさ $A = \sqrt{4^2+1^2} = \sqrt{16+1} = \sqrt{17} \fallingdotseq 4.123$
　　　　偏角 $\theta = \tan^{-1}\frac{1}{4} \fallingdotseq 14.04°$

(2) $\dot{B} = 2+j2$　大きさ $B = \sqrt{2^2+2^2} = \sqrt{4+4} = \sqrt{8} \fallingdotseq 2.828$
　　　　偏角 $\theta = \tan^{-1}\frac{2}{2} = 45°$

(3) $\dot{C} = \sqrt{3}-j$　大きさ $C = \sqrt{(\sqrt{3})^2+(-1)^2} = \sqrt{3+1} = \sqrt{4} = 2$
　　　　偏角 $\theta = \tan^{-1}\left(-\frac{1}{\sqrt{3}}\right) = -30°$

(4) $\dot{D} = 5-j2$　大きさ $D = \sqrt{5^2+(-2)^2} = \sqrt{25+4} = \sqrt{29} \fallingdotseq 5.385$
　　　　偏角 $\theta = \tan^{-1}\left(-\frac{2}{5}\right) \fallingdotseq -21.80°$

問 4-6　$\dot{Z} = 3+j5 \ [\Omega]$, $\dot{I} = 2+j2 \ [A]$
$\dot{V} = \dot{I}\dot{Z} = (2+j2)(3+j5) = 6+j10+j6-10 = -4+j16 \ [V]$
$V = \sqrt{(-4)^2+16^2} = \sqrt{16+256} = \sqrt{272} \fallingdotseq 16.49 \ [V]$
$\theta = \tan^{-1}\left(-\frac{16}{4}\right) \fallingdotseq -75.96°$

問 4-7
(1) $\dot{A} = 4+j4$, $A = \sqrt{4^2+4^2} = \sqrt{32} \fallingdotseq 5.657$
　　$\theta = \tan^{-1}\left(\frac{4}{4}\right) = 45° = \frac{\pi}{4}$
　∴　$\dot{A} = 5.657\left(\cos\frac{\pi}{4} + j\sin\frac{\pi}{4}\right)$

(2) $\dot{B} = \sqrt{3}$, $B = \sqrt{(\sqrt{3})^2 + 0^2} = \sqrt{3} \fallingdotseq 1.732$
　　$\theta = \tan^{-1}\left(\frac{0}{\sqrt{3}}\right) = 0° = 0$
　∴　$\dot{B} = 1.732(\cos 0 + j\sin 0)$

(3) $\dot{C} = \sqrt{3}-j$, $C = \sqrt{(\sqrt{3})^2+(-1)^2} = \sqrt{4} = 2$
　　$\theta = \tan^{-1}\left(\frac{-1}{\sqrt{3}}\right) = -30° = -\frac{\pi}{6}$

第 4 章の解答

$$\therefore \dot{C} = 2\left\{\cos\left(-\frac{\pi}{6}\right) + j\sin\left(-\frac{\pi}{6}\right)\right\}$$

(4) $\dot{D} = 5 - j4$, $D = \sqrt{5^2 + (-4)^2} = \sqrt{41} \fallingdotseq 6.403$

$$\theta = \tan^{-1}\left(\frac{-4}{5}\right) \fallingdotseq -38.65° \fallingdotseq -0.214\pi$$

$$\therefore \dot{D} = 6.403\{\cos(-0.214\pi) + j\sin(-0.214)\pi\}$$

問 4-8 (1) $\dot{A} = 4 - j4$, $A = \sqrt{4^2 + (-4)^2} = \sqrt{32} \fallingdotseq 5.657$

$$\theta = \tan^{-1}\left(\frac{-4}{4}\right) = -45° \quad \left(= -\frac{\pi}{4}\right)$$

$$\therefore \dot{A} = 5.657\varepsilon^{-j45°} = 5.657\angle -45°$$

(2) $\dot{B} = -j\sqrt{3}$, $B = \sqrt{0^2 + (-\sqrt{3})^2} = \sqrt{3} \fallingdotseq 1.732$

$$\theta = -90° \quad \left(= -\frac{\pi}{2}\right) \quad \text{(虚部のみのため)}$$

$$\therefore \dot{B} = 1.732\varepsilon^{-j90°} = 1.732\angle -90°$$

(3) $\dot{C} = -\sqrt{3} + j$, $C = \sqrt{(-\sqrt{3})^2 + 1^2} = \sqrt{4} = 2$

$$\theta = \tan^{-1}\left(\frac{-1}{\sqrt{3}}\right) = -30° \quad \left(= -\frac{\pi}{6}\right)$$

$$\therefore \dot{C} = 2\varepsilon^{-j30°} = 2\angle -30°$$

(4) $\dot{D} = -5 - j4$, $D = \sqrt{(-5)^2 + (-4)^2} = \sqrt{41} \fallingdotseq 6.403$

$$\theta = \tan^{-1}\left(\frac{-4}{-5}\right) \fallingdotseq 38.65° \quad (=0.215\pi) \quad \text{(第4象現の角度)}$$

$$\therefore \dot{D} = 6.403\varepsilon^{j218.65°} = 6.403\angle 218.65°$$

問 4-9 (1) $\dot{V} \times \dot{I} = 5\varepsilon^{j\frac{\pi}{2}} \times 10\varepsilon^{j\frac{\pi}{4}} = 5 \times 10\varepsilon^{j\left(\frac{\pi}{2} + \frac{\pi}{4}\right)} = 50\varepsilon^{j\frac{3}{4}\pi} = 50\angle \frac{3}{4}\pi$

(2) $\dfrac{\dot{V}}{\dot{I}} = \dfrac{5\varepsilon^{j\frac{\pi}{2}}}{10\varepsilon^{j\frac{\pi}{4}}} = \dfrac{5}{10}\varepsilon^{j\left(\frac{\pi}{2} - \frac{\pi}{4}\right)} = 0.5\varepsilon^{j\frac{\pi}{4}} = 0.5\angle \dfrac{\pi}{4}$

(3) $\dfrac{\dot{I}}{\dot{V}} = \dfrac{10\varepsilon^{j\frac{\pi}{4}}}{5\varepsilon^{j\frac{\pi}{2}}} = \dfrac{10}{5}\varepsilon^{j\left(\frac{\pi}{4} - \frac{\pi}{2}\right)} = 2\varepsilon^{-j\frac{\pi}{4}} = 2\angle -\dfrac{\pi}{4}$

章末問題④

1. (1) $j^9 = j^2 \times j^2 \times j^2 \times j^2 \times j = -1 \times (-1) \times (-1) \times (-1) \times j = j$

   (2) $j \times (-j) = 1$

   (3) $\dfrac{1}{j} = \dfrac{j}{j \times j} = -j$

(4) $\dfrac{1}{1+j} = \dfrac{(1-j)}{(1+j)(1-j)} = \dfrac{1-j}{1+1} = \dfrac{1-j}{2}$

2. (1) $\dot{A} + \dot{B} = (3+j5) + (4+j) = 3+4+j5+j = 7+j6$

   (2) $\dot{B} - \dot{A} = (4+j) - (3+j5) = 4-3+j-j5 = 1-j4$

   (3) $\dot{A}\dot{B} = (3+j5)(4+j) = 12+j3+j20-5 = 7+j23$

   (4) $\dfrac{\dot{B}}{\dot{A}} = \dfrac{(4+j)}{(3+j5)} = \dfrac{(4+j)(3-j5)}{(3+j5)(3-j5)} = \dfrac{12-j20+j3+5}{9+25}$

   $= \dfrac{17-j17}{34} = \dfrac{17}{34} - j\dfrac{17}{34} = \dfrac{1}{2} - j\dfrac{1}{2}$

3. $\dot{Z}_S = \dot{Z}_1 + \dot{Z}_2 = (4+j5) + (3-j) = 4+3+j5-j = 7+j4$ 〔Ω〕

   $\dot{Z}_P = \dfrac{\dot{Z}_1 \dot{Z}_2}{\dot{Z}_1 + \dot{Z}_2} = \dfrac{(4+j5)(3-j)}{7+j4} = \dfrac{12-j4+j15+5}{7+j4} = \dfrac{17+j11}{7+j4}$

   $= \dfrac{(17+j11)(7-j4)}{(7+j4)(7-j4)} = \dfrac{119-j68+j77+44}{49+16}$

   $= \dfrac{163+j9}{65} = \dfrac{163}{65} + j\dfrac{9}{65} \fallingdotseq 2.507 + j0.138$ 〔Ω〕

4. $\dot{I} = \dfrac{\dot{V}}{\dot{Z}} = \dfrac{3+j2}{8+j4} = \dfrac{(3+j2)(8-j4)}{(8+j4)(8-j4)} = \dfrac{24-j12+j16+8}{64+16} = \dfrac{32+j4}{80}$

   $= \dfrac{32}{80} + j\dfrac{4}{80} = 0.4 + j0.05$ 〔A〕

   $I = \sqrt{0.4^2 + 0.05^2} \fallingdotseq 0.403$ 〔A〕

   $\theta = \tan^{-1}\left(\dfrac{0.05}{0.4}\right) \fallingdotseq 7.125°$

5. (1) $\dot{A} = 2-j3$, $A = \sqrt{2^2 + (-3)^2} = \sqrt{13} \fallingdotseq 3.606$

   $\theta = \tan^{-1}\left(\dfrac{-3}{2}\right) \fallingdotseq -56.31°$

   ∴ $\dot{A} = 3.606\{\cos(-56.31°) + j\sin(-56.31°)\}$

   (2) $\dot{B} = 3+j4$, $B = \sqrt{3^2 + 4^2} = 5$

   $\theta = \tan^{-1}\left(\dfrac{4}{3}\right) \fallingdotseq 53.13°$

   ∴ $\dot{B} = 5(\cos 53.13° + j\sin 53.13°)$

   (3) $\dot{C} = 12+j13$, $C = \sqrt{12^2 + 13^2} = \sqrt{313} \fallingdotseq 17.69$

   $\theta = \tan^{-1}\left(\dfrac{13}{12}\right) \fallingdotseq 47.29°$

   ∴ $\dot{C} = 17.69\varepsilon^{j47.29°} = 17.69 \angle 47.29°$

(4) $\dot{D}=6-j$, $D=\sqrt{6^2+(-1)^2}=\sqrt{37}\fallingdotseq 6.083$

$\theta=\tan^{-1}\left(\dfrac{-1}{6}\right)\fallingdotseq 9.462°$

∴ $\dot{D}=6.083\varepsilon^{-j9.462°}=6.083\angle -9.462°$

6. (1) $\dot{V}\times\dot{I}=12\angle 45°\times 6\angle 30°=12\times 6\angle(45°+30°)=72\angle 75°$

(2) $\dfrac{\dot{V}}{\dot{I}}=\dfrac{12\angle 45°}{6\angle 30°}=\dfrac{12}{6}\angle(45°-30°)=2\angle 15°$

(3) $\dfrac{\dot{I}}{\dot{V}}=\dfrac{6\angle 30°}{12\angle 45°}=\dfrac{6}{12}\angle(30°-45°)=0.5\angle -15°$

7. $\dot{Z}=\dfrac{\dot{V}}{\dot{I}}=\dfrac{30\angle 120°}{5\angle 60°}=\dfrac{30}{5}\angle(120°-60°)=6\angle 60°$ 〔Ω〕

第5章

問5-1 (1) $f(0)=(0+1)^2-4=1-4=-3$

(2) $f(-1)=(-1+1)^2-4=0-4=-4$

(3) $f(4)=(4+1)^2-4=25-4=21$

(4) $f(-2)=(-2+1)^2-4=1-4=-3$

問5-2 (1) $\lim\limits_{x\to 1}(x+2)=1+2=3$

(2) $\lim\limits_{x\to 0}(3x^2+5)=3\times 0^2+5=5$

(3) $\lim\limits_{x\to 2}\dfrac{x^2+x-6}{x-2}=\lim\limits_{x\to 2}\dfrac{(x+3)(x-2)}{x-2}=2+3=5$

(4) $\lim\limits_{x\to 3}\dfrac{x^2-8x+15}{x-3}=\lim\limits_{x\to 3}\dfrac{(x-5)(x-3)}{x-3}=3-5=-2$

問5-3 (1) $f(x)=x^2$

平均変化率 $=\dfrac{f(2)-f(1)}{2-1}=\dfrac{4-1}{2-1}=\dfrac{3}{1}=3$

微分係数 $f'(1)=\lim\limits_{\Delta x\to 0}\dfrac{f(1+\Delta x)-f(1)}{\Delta x}=\lim\limits_{\Delta x\to 0}\dfrac{1+2\Delta x+\Delta x^2-1}{\Delta x}$

$=\lim\limits_{\Delta x\to 0}\dfrac{\Delta x(2+\Delta x)}{\Delta x}=2$

(2) $f(x)=x+3$

平均変化率 $=\dfrac{f(2)-f(1)}{2-1}=\dfrac{5-4}{2-1}=\dfrac{1}{1}=1$

微分係数　$f'(1)=\lim\limits_{\Delta x\to 0}=\dfrac{f(1+\Delta x)-f(1)}{\Delta x}=\lim\limits_{\Delta x\to 0}=\dfrac{1+\Delta x+3-4}{\Delta x}=1$

問 5-4　(1)　$f(x)=3x^2-4$

$$f'(x)=\lim\limits_{\Delta x\to 0}=\dfrac{f(x+\Delta x)-f(x)}{\Delta x}=\lim\limits_{\Delta x\to 0}=\dfrac{3(x+\Delta x)^2-4-(3x^2-4)}{\Delta x}$$

$$=\lim\limits_{\Delta x\to 0}=\dfrac{3(x^2+2x\Delta x+\Delta x^2)-4-(3x^2-4)}{\Delta x}$$

$$=\lim\limits_{\Delta x\to 0}=\dfrac{3x^2+6x\Delta x+3\Delta x^2-4-3x^2+4}{\Delta x}$$

$$=\lim\limits_{\Delta x\to 0}=\dfrac{6x\Delta x+3\Delta x^2}{\Delta x}=\lim\limits_{\Delta x\to 0}=\dfrac{\Delta x(6x+3\Delta x)}{\Delta x}=6x+3\times 0=6x$$

(2)　$f(x)=x^3$

$$f'(x)=\lim\limits_{\Delta x\to 0}=\dfrac{f(x+\Delta x)-f(x)}{\Delta x}=\lim\limits_{\Delta x\to 0}=\dfrac{(x+\Delta x)^3-x^3}{\Delta x}$$

$$=\lim\limits_{\Delta x\to 0}=\dfrac{x^3+x^2\Delta x+2x^2\Delta x+2x\Delta x^2+x\Delta x^2+\Delta x^3-x^3}{\Delta x}$$

$$=\lim\limits_{\Delta x\to 0}=\dfrac{3x^2\Delta x+3x\Delta x^2+\Delta x^3}{\Delta x}$$

$$=\lim\limits_{\Delta x\to 0}=\dfrac{\Delta x(3x^2+3x\Delta x+\Delta x^2)}{\Delta x}=3x^2+3x\times 0+0=3x^2$$

問 5-5　(1)　$f(x)=x^{33}$,　　$f'(x)=33x^{32}$

(2)　$f(x)=21$,　　$f'(x)=0$

(3)　$f(x)=x^{20}$,　　$f'(x)=20x^{19}$

(4)　$f(x)=999$,　　$f'(x)=0$

問 5-6　(1)　$f(x)=5x^4+4$,　$f'(x)=20x^3$

(2)　$f(x)=3x^4+4x^2+6x+7$,　$f'(x)=12x^3+8x+6$

(3)　$f(x)=(x+3)(x-4)=x^2-4x+3x-12=x^2-x-12$,　$f'(x)=2x-1$

(4)　$f(x)=(x-2)^2=x^2-4x+4$,　$f'(x)=2x-4$

問 5-7　(1)　$f'(x)=(x^3+3)'(2x^4+4)+(x^3+3)(2x^4+4)'=3x^2(2x^4+4)+(x^3+3)8x^3$

$\qquad\qquad =6x^6+12x^2+8x^6+24x^3=14x^6+24x^3+12x^2$

(2)　$f'(x)=(x+2)'(x-2)+(x+2)(x-2)'=(x-2)+(x+2)=2x$

(3)　$f'(x)=\dfrac{(x+1)'x-(x+1)x'}{x^2}=\dfrac{x-(x+1)}{x^2}=-\dfrac{1}{x^2}$

第 5 章の解答　　**135**

(4) $f'(x) = \dfrac{(x-3)'(x+3) - (x-3)(x+3)'}{(x+3)^2} = \dfrac{(x+3)-(x-3)}{(x+3)^2} = \dfrac{6}{(x+3)^2}$

[問] 5-8 (1) $u = 2x+4$, $f(u) = u^6$

$f'(x) = \dfrac{df(u)}{du} \cdot \dfrac{du}{dx} = 6u^5 \cdot 2 = 12u^5 = 12(2x+4)^5$

(2) $u = x^2+3x$, $f(u) = u^3$

$f'(x) = \dfrac{df(u)}{du} \cdot \dfrac{du}{dx} = 3u^2 \cdot (2x+3) = 3(x^2+3x)^2(2x+3)$

(3) $u = x-1$, $f(u) = u^{10}$

$f'(x) = \dfrac{df(u)}{du} \cdot \dfrac{du}{dx} = 10u^9 \cdot 1 = 10(x-1)^9$

[問] 5-9 (1) $f'(x) = 4x$

$f^{(2)}(x) = 4$

(2) $u = x+2$, $f(u) = u^3$

$f'(x) = \dfrac{df(u)}{du} \cdot \dfrac{du}{dx} = 3u^2 \cdot 1 = 3(x+2)^2 = 3(x^2+4x+4) = 3x^2+12x+12$

$f^{(2)}(x) = 6x+12$

[問] 5-10 合成関数の微分法を活用する。

(1) $u = 4x+6$, $y = \cos u$

$\dfrac{dy}{du} \cdot \dfrac{du}{dx} = -\sin u \cdot 4 = -4\sin(4x+6)$

(2) $u = \sin x$, $y = u^4$

$\dfrac{dy}{du} \cdot \dfrac{du}{dx} = 4u^3 \cdot \cos x = 4\sin^3 x \cdot \cos x$

(3) $u = 3x-3$, $y = \tan u$

$\dfrac{dy}{du} \cdot \dfrac{du}{dx} = \dfrac{1}{\cos^2 u} \cdot 3 = \dfrac{3}{\cos^2(3x-3)}$

[問] 5-11 (1) $y' = 5^x \log 5$

(2) $u = x^2+1$, $y = \varepsilon^u$

$\dfrac{dy}{du} \cdot \dfrac{du}{dx} = \varepsilon^u 2x = 2x \cdot \varepsilon^{(x^2+1)}$

(3) $u = x^3+5$, $y = \log u$

$\dfrac{dy}{du} \cdot \dfrac{du}{dx} = \dfrac{1}{u} \cdot 3x^2 = \dfrac{3x^2}{x^3+5}$

問 5-12 (1) $y = x^{-\frac{1}{3}}$, $y' = -\frac{1}{3}x^{-\frac{4}{3}} = -\frac{1}{3\sqrt[3]{x^4}}$

(2) 両辺の対数をとる。

$$\log y = \log x^{\log x} = \log x \cdot \log x$$

両辺を x で微分

$$\frac{y'}{y} = (\log x)' \log x + \log x (\log x)' = \frac{1}{x}\log x + \frac{1}{x}\log x = \frac{2}{x}\log x$$

$$y' = y \cdot \frac{2}{x}\log x = x^{\log x} \cdot \frac{1}{x}\log x$$

(3) $y = (2x+4)^{-1}$, $u = 2x+4$, $y = u^{-1}$

$$\frac{dy}{du} \cdot \frac{du}{dx} = -u^{-2} \cdot 2 = -\frac{2}{(2x+4)^2} = -\frac{1}{2(x+2)^2}$$

問 5-13 (1) $\int (2x^2 + x + 5) dx = \frac{2}{2+1}x^{2+1} + \frac{1}{1+1}x^{1+1} + \frac{1}{0+1}5x^{0+1} + C$

$$= \frac{2}{3}x^3 + \frac{1}{2}x^2 + 5x + C$$

(2) $\int \frac{1}{x^4}dx = \int x^{-4}dx = \frac{1}{-4+1}x^{-4+1} + C = -\frac{1}{3}x^{-3} + C = -\frac{1}{3x^3} + C$

(3) $\int 3\sin x - 4e^x dx = -3\cos x - 4e^x + C$

問 5-14 (1) $t = 2x+7$ とおく。 $\frac{dx}{dt} = \frac{1}{2}$

$$\int t^4 \cdot \frac{dx}{dt} dt = \int t^4 \cdot \frac{1}{2} dt = \frac{1}{2}\int t^4 dt = \frac{1}{2} \cdot \frac{1}{4+1}t^{4+1} + C$$

$$= \frac{1}{2} \cdot \frac{1}{5}(2x+7)^5 + C = \frac{1}{10}(2x+7)^5 + C$$

(2) $t = 5x+3$ とおく。 $\frac{dx}{dt} = \frac{1}{5}$

$$\int \cos t \cdot \frac{dx}{dt} dt = \int \cos t \cdot \frac{1}{5} dt = \frac{1}{5}\int \cos t\, dt = \frac{1}{5}\sin t + C$$

$$= \frac{1}{5}\sin(5x+3) + C$$

(3) $t = x+5$ とおく。 $\frac{dx}{dt} = 1$

$$\int \frac{1}{t^2} \cdot \frac{dx}{dt} dt = \int \frac{1}{t^2} dt = \frac{1}{-2+1}t^{-2+1} + C = -t^{-1} + C = -\frac{1}{x+5} + C$$

(4) $t=3x+1$ とおく。 $\dfrac{dx}{dt}=\dfrac{1}{3}$

$$\int t^{\frac{1}{2}}\dfrac{dx}{dt}dt = \int t^{\frac{1}{2}}\cdot\dfrac{1}{3}dt = \dfrac{1}{3}\int t^{\frac{1}{2}}dt = \dfrac{1}{3}\cdot\dfrac{1}{\frac{1}{2}+1}t^{\frac{1}{2}+1}+C = \dfrac{1}{3}\cdot\dfrac{2}{3}\cdot t^{\frac{3}{2}}\times C$$
$$=\dfrac{2}{9}(3x+1)^{\frac{3}{2}}+C$$

問 5-15 (1) $f'(x)=1$, $g(x)=\log x$ とする。
$$f(x)=x\ ,\ g'(x)=\dfrac{1}{x}$$
$$\int \log x\,dx = x\log x - \int x\cdot\dfrac{1}{x}dx = x\log x - x + C$$

(2) $f'(x)=\cos x$, $g(x)=x$ とする。
$$f(x)=\sin x\ ,\ g'(x)=1$$
$$\int x\cos x\,dx = x\sin x - \int \sin x\cdot 1\,dx = x\sin x + \cos x + C$$

(3) $f'(x)=\varepsilon^{3x}$, $g(x)=x$ とする。
$$f(x)=\dfrac{1}{3}\varepsilon^{3x}\ ,\ g'(x)=1$$
$$\int x\varepsilon^{3x} = \dfrac{1}{3}x\cdot\varepsilon^{3x} - \int \dfrac{1}{3}\varepsilon^{3x}\cdot dx = \dfrac{1}{3}x\varepsilon^{3x} - \dfrac{1}{3}\cdot\dfrac{1}{3}\varepsilon^{3x}+C = \dfrac{1}{3}x\varepsilon^{3x} - \dfrac{1}{9}\varepsilon^{3x}+C$$

問 5-16 (1) $\displaystyle\int_0^2 (x^2+4)dx = \left[\dfrac{1}{3}x^3+4x\right]_0^2 = \left(\dfrac{8}{3}+8\right)-0 = \dfrac{8}{3}+\dfrac{24}{3}=\dfrac{32}{3}$

(2) $\displaystyle\int_4^4 (x^3-x+3)dx = \left[\dfrac{x^4}{4}-\dfrac{1}{2}x^2+3x\right]_4^4 = \left(\dfrac{256}{4}-\dfrac{16}{2}+12\right)-\left(\dfrac{256}{4}-\dfrac{16}{2}+12\right)=0$

(3) $\displaystyle\int_0^\pi \cos x\,dx = [\sin x]_0^\pi = (\sin \pi)-(\sin 0)=0-0=0$

(4) $\displaystyle\int_1^\varepsilon \dfrac{1}{x}dx = [\log x]_1^\varepsilon = (\log \varepsilon)-(\log 1)=1-0=1$

問 5-17 (1) $t=x^3+1$, $\dfrac{dt}{dx}=3x^2$, $dx=\dfrac{dt}{3x^2}$

x の積分区間 $0 \to 1$

t の積分区間 $1 \to 2$

$$\int_1^2 3x^2\cdot t^2 \dfrac{dt}{3x^2} = \int_1^2 t^2 dt = \left[\dfrac{1}{3}t^3\right]_1^2 = \dfrac{8}{3}-\dfrac{1}{3}=\dfrac{7}{3}$$

(2) $t=\log x$, $\dfrac{dt}{dx}=\dfrac{1}{x}$, $dx=x\,dt$

x の積分区間 $1 \to \varepsilon$

t の積分区間 $0 \to 1$

$$\int_0^1 \frac{t^2}{x} \cdot x dt = \int_0^1 t^2 dt = \left[\frac{1}{3}t^3\right]_0^1 = \frac{1}{3}$$

(3) $f'(x) = \varepsilon^{-x}$, $g(x) = x$ とおく。

$f(x) = -\varepsilon^{-x}$, $g'(x) = 1$

$$\int_0^1 x\varepsilon^{-x} dx = [-x\varepsilon^{-x}]_0^1 - \int_0^1 -\varepsilon^{-x} dx = [-x\varepsilon^{-x}]_0^1 = [\varepsilon^{-x}]_0^1$$

$$= -\varepsilon^{-1}(\varepsilon^{-1}-1) = -2\varepsilon^{-1} + 1 = 1 - \frac{2}{\varepsilon}$$

(4) $f'(x) = \varepsilon^{2x}$, $g(x) = 2-x$ とおく。

$f(x) = \frac{1}{2}\varepsilon^{2x}$, $g'(x) = -1$

$$\int_0^2 (2-x)\varepsilon^{2x} dx = \left[\frac{1}{2}\varepsilon^{2x}(2-x)\right]_0^2 - \int_0^2 -\frac{1}{2}\varepsilon^{2x} dx = \left[\frac{2-x}{2}\varepsilon^{2x}\right]_0^2 - \left[-\frac{1}{4}\varepsilon^{2x}\right]_0^2$$

$$= -1 - \left[-\frac{1}{4}\varepsilon^4 - \left(-\frac{1}{4}\right)\right] - \frac{1}{4}\varepsilon^4 - 1 - \frac{1}{4} = \frac{1}{4}\varepsilon^4 - \frac{5}{4} = \frac{1}{4}(\varepsilon^4 - 5)$$

章末問題⑤

1. (1) $\lim_{x \to 0} (3x+2)^2 = (3 \times 0 + 2)^2 = 4$

   (2) $\lim_{x \to 1} \frac{x^2 + 2x - 3}{x^2 - 1} = \lim_{x \to 1} \frac{(x+3)(x-1)}{(x+1)(x-1)} = \lim_{x \to 1} \frac{x+3}{x+1} = \frac{1+3}{1+1} = \frac{4}{2} = 2$

   (3) $\lim_{x \to 0} \varepsilon^x = \varepsilon^0 = 1$

   (4) $\lim_{x \to 1} \log x = \log 1 = 0$

2. (1) $f'(x) = 18x^2 - 4x + 1$

   (2) $u = x^4 + 3$, $\frac{du}{dx} = 4x^3$, $\frac{df(x)}{du} = \frac{1}{4}u^{-\frac{3}{4}}$

   $$\frac{df(x)}{du} \cdot \frac{du}{dx} = u^{\frac{1}{4}} \cdot 4x^3 = \frac{1}{4}u^{-\frac{3}{4}} \cdot 4x^3 = x^3(x^4+3)^{-\frac{3}{4}}$$

   (3) $f'(x) = \frac{(x-2)'(2x^2+1) - (x-2)(2x^2+1)'}{(2x^2+1)^2} = \frac{(2x^2+1) - (x-2) \cdot 4x}{(2x^2+1)^2}$

   $$= \frac{2x^2 + 1 - 4x^2 + 8x}{(2x^2+1)^2} = \frac{-2x^2 + 8x + 1}{(2x^2+1)^2}$$

   (4) $u = x^4 + 3$, $\frac{du}{dx} = 4x^3$, $\frac{df(x)}{du} = 5u^4$

   $$\frac{df(x)}{du} \cdot \frac{du}{dx} = 5u^4 \cdot 4x^3 = 5(x^4+3)^4 \cdot 4x^3$$

第5章の解答

(5) $f'(x) = \dfrac{1}{6}x^{-\frac{5}{6}}$

(6) $f'(x) = (2x^2+4)'(x+3) + (2x^2+4)(x+3)' = 4x(x+3) + (2x^2+4)$
$= 4x^2 + 12x + 2x^2 + 4 = 6x^2 + 12x + 4$

(7) $f'(x) = (x^3)'\sin x + x^3 \cdot (\sin x)' = 2x^2 \sin x + x^3 \cos x$

(8) $u = x^2 + 2$, $\dfrac{du}{dx} = 2x$, $\dfrac{df(x)}{du} = \dfrac{1}{u}$

$\dfrac{df(x)}{dx} \cdot \dfrac{du}{dx} = \dfrac{1}{u} \cdot 2x = \dfrac{2x}{x^2+2}$

3. (1) $\displaystyle\int (x^2-1)\,dx = \dfrac{1}{2+1}x^{2+1} - \dfrac{1}{0+1}x^{0+1} + C = \dfrac{1}{3}x^3 - x + C$

(2) $t = 2x+3$, $\dfrac{dt}{dx} = 2$, $dx = \dfrac{1}{2}dt$

$\displaystyle\int (2x+3)^3\,dx = \int t^3 \cdot \dfrac{1}{2}dt = \dfrac{1}{2} \cdot \dfrac{1}{3+1}t^{3+1} + C = \dfrac{1}{2} \cdot \dfrac{1}{4}t^4 + C = \dfrac{1}{8}t^4 + C = \dfrac{1}{8}(2x+3)^4 + C$

(3) $f'(x) = \sqrt{x}$, $g(x) = \log x$ とおく。

$f(x) = \dfrac{2}{3}x^{\frac{3}{2}}$, $g'(x) = \dfrac{1}{x}$

$\displaystyle\int \sqrt{x}\log x\,dx = \dfrac{2}{3}x^{\frac{3}{2}}\log x - \int \dfrac{2}{3}x^{\frac{3}{2}} \cdot x^{-1}\,dx = \dfrac{2}{3}x^{\frac{3}{2}}\log x - \dfrac{2}{3}\int x^{\frac{1}{2}}\,dx$

$= \dfrac{2}{3}x^{\frac{3}{2}}\log x - \dfrac{2}{3} \times \dfrac{2}{3}x^{\frac{3}{2}} + C = \dfrac{2}{3}x^{\frac{3}{2}}\left(\log x - \dfrac{2}{3}\right) + C$

(4) $t = x + \dfrac{\pi}{2}$, $\dfrac{dt}{dx} = 1$, $dx = dt$

$\displaystyle\int \sin\left(x + \dfrac{\pi}{2}\right)dx = \int \sin t\,dt = -\cos t + C = -\cos\left(x + \dfrac{\pi}{2}\right) + C$

4. (1) $\displaystyle\int_{-1}^{2}(x^2-x)\,dx = \left[\dfrac{1}{3}x^3 - \dfrac{1}{2}x^2\right]_{-1}^{2} = \left(\dfrac{8}{3}-2\right) - \left(-\dfrac{1}{3}-\dfrac{1}{2}\right) = \dfrac{2}{3} - \left(-\dfrac{2}{6}-\dfrac{3}{6}\right) = \dfrac{2}{3} - \left(-\dfrac{5}{6}\right)$

$= \dfrac{2}{3} + \dfrac{5}{6} = \dfrac{4}{6} + \dfrac{5}{6} = \dfrac{9}{6} = \dfrac{3}{2}$

(2) $\displaystyle\int_{0}^{1}(\varepsilon^x + \varepsilon^{-x})\,dx = [\varepsilon^x - \varepsilon^{-x}]_{0}^{1} = (\varepsilon - \varepsilon^{-1}) - (1-1) = \varepsilon - \varepsilon^{-1} = \varepsilon - \dfrac{1}{\varepsilon}$

(3) $t = x^3 + 4$, $\dfrac{dt}{dx} = 3x^2$, $dx = \dfrac{1}{3x^2}dt$

x の積分区間 $0 \to 1$

t の積分区間 $4 \to 5$

$$\int_0^1 \frac{x^2}{(x^3+4)^2}dx = \int_4^5 \frac{x^2}{t^2}\cdot\frac{1}{3x^2}dt = \frac{1}{3}\int_4^5 \frac{1}{t^2}dt = \frac{1}{3}[-t^{-1}]_4^5$$

$$= \frac{1}{3}\left\{-\frac{1}{5}-\left(-\frac{1}{4}\right)\right\} = \frac{1}{3}\left(-\frac{1}{5}+\frac{1}{4}\right) = \frac{1}{3}\left(-\frac{4}{20}+\frac{5}{20}\right) = \frac{1}{3}\times\frac{1}{20} = \frac{1}{60}$$

(4) $f'(x)=x^3$, $g(x)=\log x$ とおく。

$$f(x)=\frac{1}{4}x^4, \quad g'(x)=\frac{1}{x}$$

$$\int_1^\varepsilon x^3 \log x\, dx = \left[\frac{1}{4}x^4\cdot\log x\right]_1^\varepsilon - \int_1^\varepsilon \frac{1}{4}x^3 dx = \frac{1}{4}\varepsilon^4 - \left[\frac{1}{16}x^4\right]_1^\varepsilon = \frac{1}{4}\varepsilon^4 - \left(\frac{1}{16}\varepsilon^4 - \frac{1}{16}\right)$$

$$= \frac{4}{16}\varepsilon^4 - \frac{1}{16}\varepsilon^4 + \frac{1}{16} = \frac{1}{16}(3\varepsilon^4+1)$$

5. $e = L\dfrac{di}{dt} = L\cdot\left\{I\sin\left(\omega t+\dfrac{\pi}{4}\right)\right\}'$

$u = \omega t + \dfrac{\pi}{4}$, $\dfrac{du}{dt}=\omega$, $\dfrac{di}{du}=I\cos u$

$\dfrac{di}{du}\cdot\dfrac{du}{dt} = I\cos u\cdot\omega = \omega I\cos\left(\omega t+\dfrac{\pi}{4}\right)$

$\therefore \quad e = L\dfrac{di}{dt} = \omega LI\cos\left(\omega t+\dfrac{\pi}{4}\right)$ [V]

6. $i = C\dfrac{de}{dt} = C\left\{E\sin\left(\omega t-\dfrac{\pi}{2}\right)\right\}'$

$u = \omega t - \dfrac{\pi}{2}$, $\dfrac{du}{dt}=\omega$, $\dfrac{de}{du}=E\cos u$

$\dfrac{de}{du}\cdot\dfrac{du}{dt} = \omega E\cos u = \omega E\cos\left(\omega t-\dfrac{\pi}{2}\right)$

$\therefore \quad i = C\dfrac{de}{dt} = \omega CE\cos\left(\omega t-\dfrac{\pi}{2}\right)$ [A]

7. $\int_0^\pi I_m \sin\theta\, d\theta = I_m \int_0^\pi \sin\theta\, d\theta = I_m[-\cos\theta]_0^\pi = I_m(1+1) = 2I_m$

$\therefore \quad$ 平均値 $= \dfrac{\int_0^\pi I_m \sin\theta\, d\theta}{\pi} = \dfrac{2}{\pi}I_m$ [A]

$\int_0^{2\pi} I_m^2\sin^2\theta\, d\theta = I_m^2\int_0^{2\pi}\sin^2\theta\, d\theta = I_m^2\int_0^{2\pi}\dfrac{1-\cos\theta}{2}d\theta = I_m^2\int_0^{2\pi}\dfrac{1}{2}-\dfrac{\cos 2\theta}{2}d\theta$

$$= I_m^2\left[\dfrac{1}{2}\theta - \dfrac{1}{4}\sin 2\theta\right]_0^{2\pi} = I_m^2\cdot\pi$$

$\therefore \quad$ 実効値 $= \sqrt{\dfrac{\int_0^{2\pi} I_m\sin^2\theta\, d\theta}{2\pi}} = \sqrt{\dfrac{I_m^2\pi}{2\pi}} = \dfrac{I_m}{\sqrt{2}}$ [A]

索 引

■ 英数字

60 分法 …………………………… 52
n 次導関数 …………………………… 96

■ あ行

移項 …………………………… 26
位相 …………………………… 54
位相角 …………………………… 54, 78
位相差 …………………………… 54
因数分解 …………………………… 7
インピーダンス …………………………… 76

右辺 …………………………… 26

円形コイル …………………………… 111

大きさ（ベクトルの） …………………………… 78
オームの法則 …………………………… 14, 79
遅れている（位相が） …………………………… 54

■ か行

解 …………………………… 25
解の公式 …………………………… 38
角周波数 …………………………… 53
角速度 …………………………… 53
加減法 …………………………… 31
加法定理 …………………………… 58
関数 …………………………… 87

奇関数 …………………………… 109
記号法 …………………………… 76

逆三角関数 …………………………… 68
逆数 …………………………… 12
行 …………………………… 40
共役複素数 …………………………… 75
行列 …………………………… 40
行列式 …………………………… 42
極限値 …………………………… 88
極座標表示 …………………………… 80
虚軸 …………………………… 78
虚数 …………………………… 72
虚数単位 …………………………… 72
虚部 …………………………… 73
キルヒホッフの第 1 法則 …………………………… 34
キルヒホッフの第 2 法則 …………………………… 35

偶関数 …………………………… 109
クラーメルの公式 …………………………… 43

係数 …………………………… 2
結合法則 …………………………… 5

交換法則 …………………………… 5
高次導関数 …………………………… 96
合成関数 …………………………… 96
合成抵抗 …………………………… 4, 12
降べきの順 …………………………… 2
コサイン …………………………… 49
弧度法 …………………………… 52
根 …………………………… 25
根号 …………………………… 18
コンデンサ回路 …………………………… 100

■ さ行

- 最小公倍数 ……………………… 8
- 最大公約数 ……………………… 8
- サイン ………………………… 49
- 左辺 …………………………… 26
- 三角関数 ……………………… 50
- 三角関数表示 ………………… 80
- 三角比 ………………………… 49
- 三平方の定理 ………………… 48
- 自己インダクタンス ………… 99
- 自己誘導起電力 ……………… 99
- 指数 …………………………… 13
- 次数 …………………………… 2
- 指数法則 ……………………… 13
- 自然対数 ……………………… 15
- 実軸 …………………………… 78
- 実数 …………………………… 72
- 実部 …………………………… 73
- ジュールの法則 ……………… 39
- 瞬時式 ………………………… 51
- 初位相 ………………………… 54
- 初位相角 ……………………… 54
- 常用対数 ……………………… 15

- スカラー量 …………………… 77
- 進んでいる（位相が）……… 54

- 正弦 …………………………… 49
- 正弦定理 ……………………… 61
- 正弦波交流 …………………… 51
- 整式 …………………………… 1
- 正接 …………………………… 49
- 静電容量 …………………… 111
- 正方行列 ……………………… 40
- 積分 ………………………… 104
- 積分区間 …………………… 108

- 積分限界 …………………… 108
- 積分定数 …………………… 104
- 積和公式 ……………………… 64
- 接頭語 ………………………… 14
- 線間電圧 ……………………… 20

- 相電圧 ………………………… 20
- 増幅回路 ……………………… 17

■ た行

- 対数 …………………………… 15
- 対数微分法 ………………… 103
- 代入法 ………………………… 31
- 多項式 ………………………… 1
- 単位円 ………………………… 55
- 単位行列 ……………………… 40
- 単項式 ………………………… 1
- タンジェント ………………… 49

- 値域 …………………………… 87
- 置換積分法 ………………… 106
- 直交座標表示 ………………… 80

- 通分 …………………………… 10

- 底 ……………………………… 15
- 定義域 ………………………… 87
- 抵抗 …………………………… 14
- 抵抗成分 ……………………… 76
- 定数項 ………………………… 2
- 定積分 ……………………… 108
- 電圧 …………………………… 14
- 展開公式 ……………………… 5
- 電気抵抗 ……………………… 14
- 電流 …………………………… 14

- 導関数 ………………………… 92

索引　**143**

等式……………………………………25
同相……………………………………54
同類項…………………………………2

■ な行
二次方程式……………………………37

■ は行
倍角の公式……………………………63
倍数……………………………………8
半角の公式……………………………64

被積分関数……………………………104
微分可能………………………………94
微分係数………………………………90
微分する………………………………92

複素数…………………………………73
複素平面………………………………78
不定積分………………………………104
部分積分法……………………………107
分数……………………………………9
分配法則………………………………5

平均変化率……………………………90
平衡三相回路…………………………20
平方根………………………………18, 23
ベクトル………………………………78
ベクトル量……………………………77
偏角……………………………………78

ホイートストンブリッジ……………30

方程式…………………………………25

■ ま行
無効率…………………………………57

■ や行
約数……………………………………8
約分……………………………………10

有理化…………………………………21

要素……………………………………40
余弦……………………………………49
余弦定理………………………………61

■ ら行
ラジアン………………………………52

リアクタンス成分……………………76
力率……………………………………57
立方根…………………………………23
利得……………………………………17

累乗根…………………………………23
ルート…………………………………18

列………………………………………40
連立方程式……………………………31

■ わ行
和積公式………………………………65

よくわかる 電気数学

| 2008年10月20日 第1版1刷発行 | 著 者 | 照井博志 |

発行所　学校法人　東京電機大学
　　　　東京電機大学出版局
　　　　代表者　加藤康太郎

〒101-8457
東京都千代田区神田錦町2-2
振替口座 00160-5-71715
電話　(03)5280-3433(営業)
　　　(03)5280-3422(編集)

印刷　三美印刷(株)
製本　渡辺製本(株)
装丁　大貫伸樹

© Terui Hiroshi　2008
Printed in Japan

＊無断で転載することを禁じます。
＊落丁・乱丁本はお取替えいたします。

ISBN 978-4-501-11440-4　C3054

電気工学図書

詳解付
電気基礎　上
　　　直流回路・電気磁気・基本交流回路
川島純一／斎藤広吉 共著　　A5判　368頁

本書は，電気を基礎から初めて学ぶ人のために，理解しやすく，学びやすいことを重点において編集。豊富な例題と詳しい解答。

詳解付
電気基礎　下
　　　　　　　交流回路・基本電気計測
津村栄一／宮崎登／菊池諒 共著　A5判　322頁

上・下巻を通して学ぶことにより，電気の知識が身につく。各章には，例題や問，演習問題が多数入れてあり，詳しい解答も付けてある。

入門　電磁気学

東京電機大学 編　　A5判　336頁

電気と磁気の基礎事項について，初学者向けにやさしく解説。「読んで理解できる」ことに主眼をおき，定義や用語などを詳しく説明。理解を深めるために，例題や問題を多く掲載。

入門　回路理論

東京電機大学 編　　A5判　352頁

電気回路の基礎事項について，初学者向けにやさしく解説。「読んで理解できる」ことに主眼をおき，定義や用語などを詳しく説明。理解を深めるために，例題や問題を多く掲載。

基礎テキスト
電気理論

間邊幸三郎 著　　B5判　224頁

電気の基礎である電磁気について，電界・電位・静電容量・磁気・電流から電磁誘導までを，例題や練習問題を多く取り入れやさしく解説。

基礎テキスト
回路理論

間邊幸三郎 著　　B5判　274頁

直流回路・交流回路の基礎から三相回路・過渡現象までを平易に解説。難解な数式の展開をさけ，内容の理解に重点を置いた。

基礎テキスト
電気・電子計測

三好正二 著　　B5判　256頁

初級技術者や高専・大学・電験受験者のテキストとして，基礎理論から実務に役立つ応用計測技術までを解説。

基礎テキスト
発送配電・材料

前田隆文／吉野利広／田中政直 共著　B5判　296頁

発電・変電・送電・配電等の電力部門および電気材料部門を，基礎に重点をおきながら，最新の内容を取り入れてまとめた。

基礎テキスト
電気応用と情報技術

前田隆文 著　　B5判　192頁

照明，電熱，電動力応用，電気加工，電気化学，自動制御，メカトロニクス，情報処理，情報伝送について，広範囲にわたり基礎理論を詳しく解説。

理工学講座
基礎 電気・電子工学　第2版

宮入庄太／磯部直吉／前田明志 監修　A5判　306頁

電気・電子技術全般を理解できるように執筆・編集してあり，大学理工学部の基礎課程のテキストに最適である。2色刷。

* 定価，図書目録のお問い合わせ・ご要望は出版局までお願いいたします。
URL　http://www.tdupress.jp/